BOTANICA · MARINA · VOL. IX · SUPPLEMENT

BOTANICA MARINA

Internationale Zeitschrift für die Erforschung und Auswertung von Meeresalgen
— International Review for Seaweed Research and Utilization —
Revue Internationale pour l'étude et l'exploitation des algues marines

Redaktion mit finanzieller Unterstützung des Forschungsrates
der Freien und Hansestadt Hamburg
Studiengesellschaft zur Erforschung von Meeresalgen e. V.

VOLUME IX · SUPPLEMENT

Meeresalgen für die menschliche Ernährung

1966

CRAM, DE GRUYTER & CO., HAMBURG

Umschlagbild: *Monostroma nitidum*, Japan

Gesamtherstellung: Gebr. Rasch & Co., Bramsche
Printed in Germany

INHALTSVERZEICHNIS

Die Bedeutung mariner Algen

für die Welternährung

von

GÜNTHER LOOSE

Erweiterte Fassung eines Vortrages

zum 121. DECHEMA-Kolloquium

vom 5. November 1965 in Frankfurt/Main

1. Probleme der Welternährung

Die Not der hungernden Volksgruppen wird sich durch eine mögliche Überbevölkerung noch verschärfen. Bild 1 zeigt, mit welchem Bevölkerungsdruck in der Zukunft gerechnet werden muß.

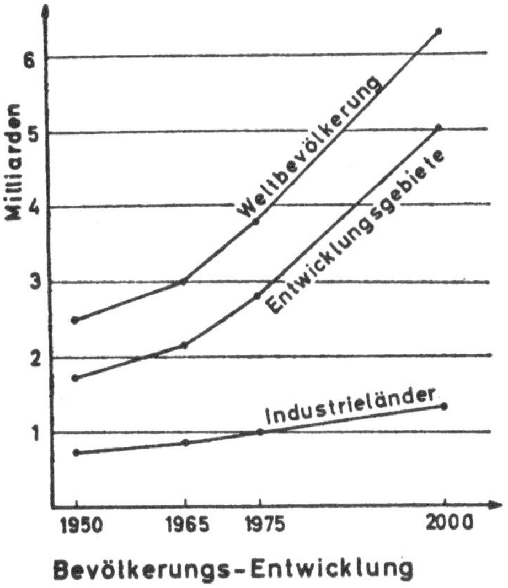

Bild 1: Bevölkerungsentwicklung bis 2000

Bemerkenswert ist besonders das wesentlich stärkere Ansteigen in den Entwicklungsländern als in den Industriestaaten, was zunächst einen noch weiter anwachsenden Anteil der hungernden Völker bedeuten muß. Die Menschheit vermehrt sich gegenwärtig jährlich um 50 Millionen; diese Zuwachsrate bleibt nicht konstant, sondern vergrößert sich stetig. Wenn auch Statistiker aus diesem Grunde eine Überbevölkerung befürchten, sprechen doch einige Aspekte für ein milderndes Regulativ:

a) glauben Experten[1]), daß die Bevölkerungszahl konstant bleibt, wenn sie 10 Milliarden erreicht hat;
b) nimmt – mit Ausnahme von Afrika und Lateinamerika – die Nahrungsmittelproduktion schneller zu als die Bevölkerung;
c) kann die Erde bis zu 20 Milliarden Menschen ernähren, wenn alle Möglichkeiten zur intensiven Lebensmittelgewinnung ausgenützt werden.

Von den ernährungsphysiologisch interessanten Inhaltsstoffen der Nahrungsmittel sollen im folgenden besonders Eiweiß, Vitamine und Mineralsalze betrachtet werden, da sie für die qualitative Verbesserung bedeutsam sind. Ein Vergleich des *tatsächlichen* Nahrungsmittelverbrauches mit den Anforderungen für eine optimale Ernährung zeigt, daß Millionen Menschen quantitativ *und* qualitativ ungenügend ernährt sind.

Es gilt, einen geeigneten Maßstab für eine qualitativ ausreichende, für eine vollwertige

Ernährung anzusetzen.[2]) Da einige Völkerstämme fast ausschließlich von Fleisch oder Fisch leben, andere wiederum die Pflanzenkost bevorzugen, und weil jede dieser Konsumentengruppen die Vollwertigkeit ihrer Nahrung behauptet, kann als Maßstab kaum ein zahlenmäßiger Vergleich der Lebensmittelprodukte gelten; es müssen andere Dimensionen gewählt werden.
Es wurde daher die Maxime aufgestellt: „Eine Ernährung ist dann vollwertig, wenn sie den Menschen in die Lage versetzt, alle von ihm geforderten Funktionen, soweit sie ernährungsabhängig sind, voll zu erfüllen".

Zur Berechnung der Soll-Werte einer ausreichenden Ernährung sind vor allem zwei Gesichtspunkte zu beachten:

a) es muß unterschieden werden, ob Menschen ihre gewohnte Arbeit (die regional unterschiedliche Anforderungen stellt) gerade leisten können, oder ob eine optimale Ernährung und damit Leistungsfähigkeit erreicht werden soll. In diesem Zusammenhang werden gerade die Menschen der Entwicklungsländer besonderen Belastungen ausgesetzt werden müssen. Weil ihre fehlenden Nahrungsmengen möglichst durch *eigene* erhöhte Produktion ausgeglichen werden sollen, benötigen sie zusätzliche Lebensmittel. Der gesamte Nahrungsbedarf wird somit nicht nur durch die Bevölkerungszunahme größer, sondern auch durch diese notwendige gesteigerte Arbeitsproduktivität. In diesem circulus vitiosus kommt dem Eiweiß eine besonders wichtige Rolle zu. Sicherlich paßt sich der Arbeiter in den Entwicklungsländern unbewußt an die eiweißarme Ernährung an, indem er möglichst Anstrengungen aus dem Wege geht; eine der möglichen Erklärungen für die schleppende Arbeitsweise.
b) Speziell für die erforderlichen Kalorien sind außer der jeweiligen persönlichen Arbeitsleistung das Körpergewicht und die Außentemperatur in Rechnung zu stellen. Die FAO hat die Weltbevölkerung in drei ‚Kalorienbedarfs-Gruppen' eingeteilt:

   Gruppe 1 mit einem Durchschnittsgewicht von 45 kg und einer Jahresaußentemperatur von 25° benötigt 2000 Kalorien;
   Gruppe 2 mit dem Gewicht von 60 kg und einer Außentemperatur von 10° erfordert 2400 Kalorien;
   Gruppe 3 mit 65 kg bei 5° braucht 2500 Kalorien.

   Ordnet man die Völker hiernach und multipliziert die jeweiligen Bevölkerungszahlen mit diesen Werten, ergibt sich bei 3 Milliarden Menschen ein Durchschnitts-Soll von 2250 Kalorien.

   Es wurden pro Kopf und Tag folgende Soll-Werte errechnet:

66 g Gesamt-Protein (davon 20 g tierisches)
73 g Fette
318 g Kohlenhydrate,

was insgesamt die postulierten 2250 Kalorien ausmacht.

Dem ist die tatsächliche Versorgung, der Ist-Verbrauch, gegenüberzustellen. Der Erdenbürger verzehrt pro Kopf und Tag im Durchschnitt:

71 g Gesamt-Protein (davon 18 g tierisches)
54 g Fette
340 g Kohlenhydrate,

das einem Energiewert von 2200 Kalorien entspricht.

Daraus ergibt sich die überraschende Folgerung, daß – im Weltdurchschnitt – mit Ausnahme von tierischen Proteinen (und Fetten, die bei dieser Betrachtung unberücksichtigt bleiben sollen) die Soll-Werte nahezu erreicht werden. Diese scheinbar ausgeglichene Bilanz verschleiert jedoch die wahren Zustände, weil die Nahrungsmittel-Verteilung auf der Erde sehr unterschiedlich ist. Es stehen den Völkern mit überdurchschnittlichem Nahrungsverzehr die großen Bereiche der Unterversorgung gegenüber.

Tatsächlich ist an Kalorien und an pflanzlichem Protein ein Viertel der Weltbevölkerung, etwa 750 Millionen Menschen, unterernährt, an tierischem Protein sogar 830 Millionen.

In diesen Zahlen sind Völker enthalten, die nur wenig unter der ‚Soll-Schwelle' liegen, und andere, die an wirklicher Unterversorgung (erhebliche Leistungsminderung, Mangelkrankheiten, vom Hungertod bedroht) leiden. Diese kritische Schwelle wird bei 80% der Soll-Versorgung unterschritten.

Für eine qualitative Betrachtung der Nahrungsmittel spielt das Eiweiß eine besondere Rolle, bei dessen Fehlen irreparable Schäden auftreten können. Besonders die in pflanzlichen und in tierischen Proteinen unterschiedlichen Anteile essentieller Aminosäuren dienen als Maßstab für den Wert eines eiweißhaltigen Nahrungsmittels. Bisher galt als Anhalt für den Eiweißreichtum einer Kost die Menge der tierischen Bestandteile. Essentielle Aminosäuren kann der menschliche Organismus nicht selbst synthetisieren; er muß sie in Nahrungsmitteln zugeführt bekommen.

Um das Fehlen von tierischem Eiweiß auszugleichen, wurden verschiedene Wege beschritten. Eine Möglichkeit besteht darin, Pflanzenprodukte so zu einem Nahrungsmittelgemisch zusammenzustellen, daß die verschiedenartigen Proteine sich gegenseitig ergänzen. Als Beispiel gelte das von der INCAP (Institute of Nutrition of Central-America) entwickelte pflanzliche Proteingemisch aus Baumwollsaat, Mais, Hirse, Torula-Hefe, dem Calciumcarbonat und Vitamin A beigegeben werden. Mit dieser rein pflanzlichen Kost werden tatsächlich die Soll-Werte für essentielle Aminosäuren recht gut erreicht.

2. Die Meeresalgen

In den Meeresalgen liegt eine weitere, vielversprechende Möglichkeit zur Versorgung der Weltbevölkerung mit wertvollem pflanzlichen Protein. Bild 2 zeigt, inwieweit der Durchschnitts-Tagesbedarf eines gesunden, normal arbeitenden Erwachsenen an Eiweiß gedeckt werden kann, wenn er 100 g Algenprodukte verzehrt. Bei dieser Betrachtungsweise schneidet die Rotalge *Rhodymenia palmata* mit dem volkstümlichen Namen ‚Dulse' besonders günstig ab, da 100 g ihrer Trockensubstanz 64% des Tages-Solls erreichen.

Im Vergleich zu Algen mit einem durchschnittlichen Proteingehalt von 30% weisen die als Eiweißträger sehr geschätzten Sojabohnen nur 16% und die Maisarten etwa 8% Eiweiß auf[3]).

Auch zur Versorgung mit Vitaminen und Mineralsalzen können Meeresalgen einen wertvollen Beitrag liefern. Auf Bild 3 sind der jeweilige Tagesbedarf und der Anteil einiger Vitamine in bekannten Nahrungsmitteln sowie in Algen gegenübergestellt.

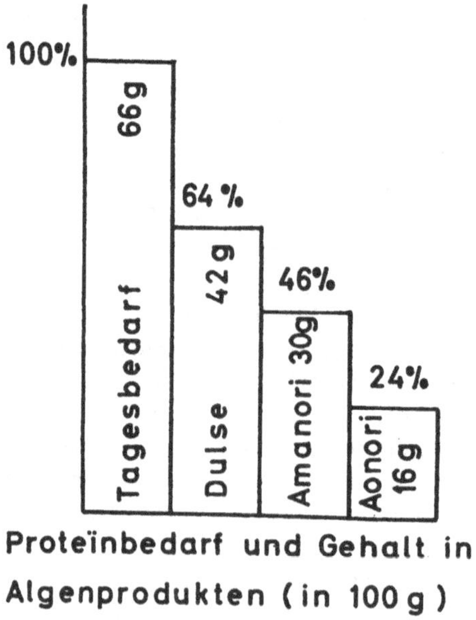

Bild 2: Proteinbedarf und Gehalt in verschiedenen Algenprodukten (in 100 g)

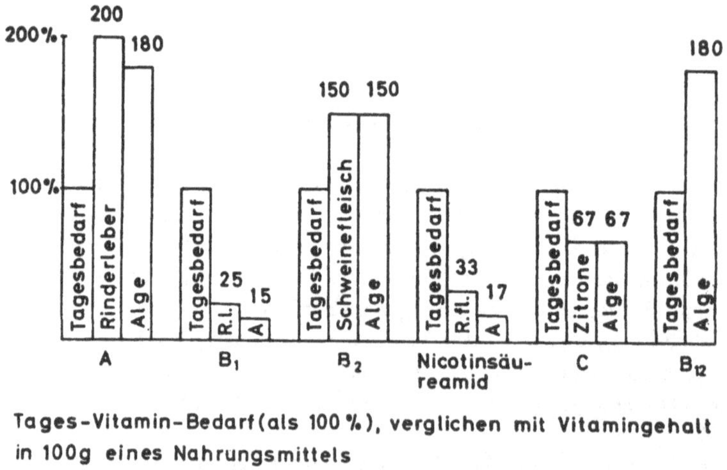

Bild 3: Tages-Vitamin-Bedarf (als%), verglichen mit dem Vitamingehalt eines Nahrungsmittels (in 100 g)

Bemerkenswert ist der besonders hohe Anteil der Vitamine A, B_2, B_{12} und C in den Algen.

Der Anteil an einigen wichtigen Mineralsalzen zeigt ebenfalls ein recht erfreuliches Bild, wobei vor allem die Alkali-Ionen auffallen (Bild 4).

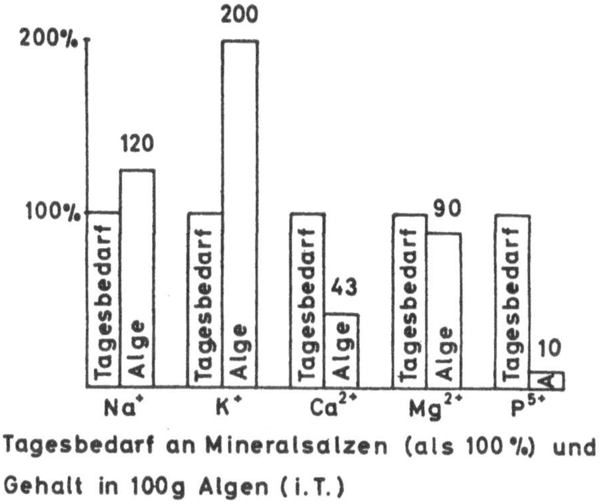

Bild 4: Tagesbedarf an Mineralsalzen (also 100%) und Gehalt in 100 g Algen (i. T.)

Wenn man berücksichtigt, daß weiterhin an wichtigen Spurenelementen Kobalt, Nickel, Eisen, Zink und Molybdän enthalten sind, wird die Nützlichkeit der Meeresalgen noch unterstrichen.

Für den Einsatz der Meeresalgen als Nahrungsmittel ist die Produktion entscheidend. Sie hängt naturgemäß in erster Linie von dem Vorkommen ab, über deren riesige Ausmaße nur Schätzungen vorliegen. Allein die *Macrocystis*-Bestände (die größte Pflanze überhaupt) an der nordamerikanischen Westküste sollen sich auf 60 Millionen Tonnen belaufen. An den englischen Küsten hat man durch Radar große untermeerische Braunalgen-Wälder festgestellt, die bei Ebbe zum Teil freigelegt werden. Norwegen wertet von seinen etwa 20 Millionen Tonnen vor seinen Küsten kaum 1% industriell aus – und Norwegen hat eine bedeutende algenverarbeitende Industrie!

Über die gegenwärtigen Produktionszahlen liegen nur unvollständige Angaben vor. Die Weltproduktion 1963 belief sich an den für die Ernährung geeigneten Rot-, Braun- und Grün-Algen auf 540000 t, wovon auf Japan 426000 t entfallen.

Es folgen mit weitem Abstand Südkorea, Kanada, Norwegen und USA.

Die japanische Produktion gliedert sich in

48% Braunalgen
34% Rotalgen
18% Grünalgen.

Inzwischen ist die japanische Erzeugung weiter erheblich gestiegen und hat 1964 etwa 90 g pro Kopf und Tag der Bevölkerung im Durchschnitt erreicht[4]). Vergleicht man diesen Wert mit dem täglichen Verbrauch eines Japaners an den übrigen Nahrungsmitteln, so ergibt sich folgende Statistik:[5])

Getreideerzeugnisse	403 g
Gemüse	184 g
Wurzeln, Knollen	130 g
Meeresalgen	90 g
Hülsenfrüchte, Nüsse	88 g
Fleisch, Fisch	62 g
Früchte	43 g
Milch	34 g
Zucker, Syrup	34 g
Eier	8 g
Öle, Fette	8 g

An anderer Stelle wurde ein Fertigprodukt der Meeresalgen, die dünnen, getrockneten und lagerfähigen *Porphyra*-Sheets, die Nori-Produkte, erwähnt.[6]) Der Verkaufspreis für 100 g *Porphyra*-Sheets beträgt etwa DM 1,10. Zu ihrer Herstellung werden 1,4 kg frische Algen benötigt.

3. Einsatz der Algen für Ernährungszwecke

Für die Algenernährung sprechen zahlreiche Vorteile, von denen die wichtigsten genannt seien:

a) Algen wachsen im allgemeinen ohne Düngemittel, weil das umgebende Meerwasser auch bei intensiver Ernte in seiner Zusammensetzung nahezu konstant bleibt. Wird jedoch zusätzlich gedüngt, wie es stellenweise an den chinesischen Küsten geschieht, können die Ernteerträge weiter verbessert werden. Das Meer kann nicht so schnell wie der Erdboden an Nährstoffen verarmen. Der Transport irgendwelcher Substanzen ist ein einem flüssigen Medium um Zehnerpotenzen schneller als in einem festen.
b) Die Algen-Vorräte sind außerordentlich groß.
c) Es ist kaum mit ausgesprochenen Mißernten durch klimatische Einflüsse zu rechnen, wie sie der Bauer etwa durch Dürre, Hagelschlag o. dgl. befürchten muß.
d) Das Meer hat gegenüber dem Ackerland den Vorteil, daß es seine Erträge selbst hervorbringt; die Arbeitsleistung des Menschen besteht im wesentlichen nur in der Ernte und der weiteren Bearbeitung.
e) Die Wachstumsgeschwindigkeit mancher Algenarten ist wesentlich höher als die der meisten Landpflanzen; infolge des größeren Vermehrungsfaktors ist die Ausbeute pro Pflanze und Zeiteinheit besser.
f) Algen kann man auf relativ kleiner Kultur-Fläche ausreichend ernähren.
g) Landpflanzen müssen ständig einen Saftstrom von den Wurzeln bis zur Blattspitze pumpen, bei Wasserpflanzen dagegen scheint die Herstellung eines osmotischen Gefälles zwischen umgebender Nährlösung und Zellinnerem weniger Energie zu erfordern.
h) Algen haben infolge ihrer morphologischen Struktur eine relativ große Oberfläche, wodurch vor allem die organisch-chemischen Oberflächenreaktionen schneller ablaufen können.
i) Bei der Umwandlung pflanzlicher Proteine in tierisches Eiweiß auf dem Wege über

den Tiermagen gehen 80% verloren. Es bedeutet einen großen Fortschritt, daß Algenproteine in so eine schmackhafte Form gebracht werden können, daß sie für die Ernährung brauchbar sind.

k) Beim Vergleich der Eiweiß-Qualitäten scheint sich die Meeresalge durch eine gute Konstanz auszuzeichnen. Vom tierischen Organismus als einem hochorganisiertem Wesen ist die Konstanz der Aminosäuren-Zusammensetzung bekannt. Versuche an *Süßwasser*-Algen zeigten eine starke Anfälligkeit gegenüber den Schwankungen der Nährlösungen[7]). Diese niedrig organisierten Gebilde werden viel stärker durch wechselnde Kultur und Umweltbedingungen beeinflußt, wodurch sich eine viel größere Streubreite ergibt. Diese Einflüsse können offenbar die *Meeres*-Algen in ihrem Eiweißgehalt nicht so sehr verändern, weil das Riesenreservoir Meer nahezu konstante Umweltbedingungen gewährleistet.

l) Algen sind die einzigen Lieferanten an Vitamin C, die das Meer aufzuweisen hat; Fische oder Wale enthalten es nicht[8]).

m) Vitamin B_{12} wurde bisher lediglich in Algen, nicht jedoch in Landpflanzen gefunden[8]).

Um optimale Ernteergebnisse zu erzielen, müssen Fragen der Algen-Kultivierung, der Verarbeitung und des Verbrauches noch systematischer bearbeitet werden. Gerade die Forschung auf diesen Gebieten wird sich für praktische Nahrungsmittel-Produktionen nutzbringend auswirken. Im einzelnen sind folgende Faktoren und Gesichtspunkte zu beachten:

a) Die Assimilations-Leistung wird durch die Sonneneinstrahlung gefördert, andererseits scheinen die Braunalgen kaltes Wasser zu bevorzugen. Wenn auch das eine das andere nicht ausschließt, wird die Zahl der kühlen Meeresbereiche mit intensivem Sonnenlicht begrenzt sein.

b) Auf dem Lande wird praktisch das gesamte Sonnenlicht von der Pflanzenoberfläche aufgefangen[9]); im Meer dagegen der größte Teil des Lichtes von Wassermolekülen und den im Wasser suspendierten Teilchen absorbiert, so daß nur ein Bruchteil des Lichtes verwertet werden kann. Dieser Mangel wird allerdings durch die Tatsache gemildert, daß Algen von dem wenigen auf sie einfallenden Licht einen wesentlich größeren Anteil verarbeiten als die Landpflanzen. Sie nutzen also die bescheidenere Lichtzufuhr besser aus.

c) Bei einer künstlichen Düngung sollte beachtet werden, daß auf die Alge niemals eine chemische Komponente allein wirkt, sondern das gesamte Milieu. Projekte wurden entwickelt, das Meer mit Mineralsalzen zu düngen, was gleichzeitig die Fischerträge steigern könnte. So sollen zum Beispiel unterirdische Meeresrücken gesprengt werden, wodurch die Wassermassen ‚umgerührt' und wertvolle Minerallager des Meeresbodens in die oberen Schichten gelangen würden. Ferner bestehen Pläne, besonders wichtige Ionen wie Kobalt, Zink und Vanadin durch Abwurf zuzusetzen.

Es liegen bereits einige Ergebnisse über den Einfluß von Mineralsälzen auf Algen vor. Eisen oder Mangan fördern in geringen Mengen das Wachstum; ab einer bestimmten Konzentration tritt jedoch das Gegenteil ein. Bei der Anreicherung des Wassers mit Spurenelementen wurde zum Teil die Bildung neuer Chromo-Proteide nachgewiesen[10]). An den chinesischen Küsten wurde in einigen begrenzten Arealen eine Düngung mit Stickstoff und Phosphor erfolgreich durchgeführt.

d) Es sollten jedoch für die Kultivierung von Meeresalgen vor allem Gebiete ausfindig gemacht werden, in denen der für ein rasches Wachstum der Algen benötigte Nährstoff vorhanden ist. Günstig ist es, bei der Aufzucht die Algen zu bevorzugen, die infolge ihres schnellen Wachstums eine große Produktion ermöglichen. Es gibt zwar einige Algen mit einem zum Teil sehr hohen Gehalt an erwünschten Bestandteilen, diese wachsen jedoch zu langsam. Eine größere Wachstumsgeschwindigkeit wird für die Welternährung wichtiger sein als das Streben nach einigen hochgezüchteten, aber langsam wachsenden Spezialarten.
e) Schon lange kennt man den Einfluß von Standort, Jahreszeit und Alter der Pflanze. Es handelt sich dabei um viele einzelne Faktoren wie Art des Meeresgrundes, quantitative und qualitative Zusammensetzung der gelösten und suspendierten Teilchen, Wassertemperatur, Sauerstoff-Partialdruck des Wassers, pH-Wert, hydrostatischer Druck, Lichtstärke, Dauer der Lichteinwirkung, Richtung und Geschwindigkeit der Strömungen und Gezeitenhub. Wenn es gelingt, diese auf das Algenwachstum einwirkenden Faktoren zu erfassen, können sie nutzbringend für die Ernte eingesetzt werden.
f) Der Frage der Radioaktivität muß besondere Aufmerksamkeit gewidmet werden. Die meisten marinen Algen zeigen eine besondere Fähigkeit zur selektiven Konzentration von Spurenelementen. Dieses kann bei einer radioaktiven Verseuchung der Weltmeere zu einem Problem werden.
g) Eine ernst zu nehmende Gefahr für die Algen-Produktion wird die zunehmende Ölverschmutzung, vor allem in den Bereichen der Haupthandelsrouten.
h) Die konventionellen Eßgewohnheiten werden einer der Gründe sein, die einen stärkeren und allgemeineren Verzehr von Meeresalgen bisher verhindert haben. Bei Nahrungsmitteln unterscheidet man zwischen äußerer Beschaffenheit, Gebrauchswert und biologischem Wert. Wenn dem biologischen Wert der Vorrang gegenüber der äußeren Beschaffenheit eingeräumt würde, könnten manche Hemmungen beseitigt werden. Mögen auch manche Algenarten für viele Menschen einen ungewohnten Geschmack zeigen, die vielfältigen Algenspeisen zeigen, daß sie durchaus allgemeine Verbreitung finden können.
i) Relativ hohe Kosten verursacht das Sammeln der Pflanzen. Handarbeit ist teuer und versagt, wenn es sich um größere Wasserteiefen handelt. Ernte-Apparate haben sich noch nicht durchsetzen können. Eine Mechanisierung wäre jedoch wichtig.
k) Weil zum Waschen und Entsalzen viel Wasser benötigt wird, muß dem Süßwasser besondere Beachtung geschenkt werden. Nur wenn es preiswert in der Nähe der Rohstoff-Quellen, also in unmittelbarer Küstennähe zur Verfügung steht, kann die Verarbeitung rentabel gestaltet werden.
l) Bei der Aufarbeitung des Rohmaterials sollte beachtet werden, daß das intensive Waschen mit Süßwasser *vor* der Zerkleinerung erfolgt, da sonst die Gefahr besteht, daß wasserlösliche Vitamine, wie zum Beispiel das Vitamin C, aus den zerstörten Zellen herausgespült werden.
m) Bei einigen Rotalgen-Arten besteht die Gefahr, daß durch einen zu lang anhaltenden Trocknungsprozeß Carotin zerstört wird[11]).

Aus all diesen Problemen ist zu ersehen, was an Vorarbeiten geschehen kann und muß, und wie nützlich sich Forschungs-Ergebnisse auswirken werden. Es wird jedoch nicht erforderlich sein, mit dem Anlaufen einer planmäßigen Produktion zu warten, bis alle der zahlreichen, bereits laufenden Untersuchungen abgeschlossen und ihre Auswertungen abgesichert sind. Der Nahrungsmittelindustrie kommt hier eine besondere Aufgabe zu.

Als Beispiel für eine ausreichende Versorgung an essentiellen Aminosäuren wurde die Pflanzenkombination der INCAP genannt. Hier ergäbe sich eine Aufgabe, auch Algen-Produkte mit ihren wertvollen Bestandteilen mit einzubauen. Dadurch könnte die Protein-Versorgung mancher Völker verbessert werden, bei denen zum Beispiel der Verzehr von tierischem Eiweiß aus religiösen Gründen eingeschränkt ist, wie das Rindfleisch in Indien oder das Schweinefleisch in Ländern des Islams.

Wahrscheinlich wird ein optimaler Einsatz von Meeresalgen das Ernährungsproblem nicht allein lösen können. Auch die anderen Pläne wie Intensivierung der Flächen, Neuland-Gewinnung oder ähnliches spielen ihre Rolle. Welche Bedeutung den Algen heute bereits beigemessen wird, zeigt der Zusammenschluß der japanischen Algen-Fischer zu einer Genossenschaft, die mit Unterstützung des Ernährungsministeriums arbeitet.

In diesem Zusammenhang ist interessant, daß auch andere schnellwachsende Wasserpflanzen zur Proteingewinnung herangezogen werden sollen. So wurden in Großbritannien beachtliche Pläne zur Gewinnung eines Eiweiß-Präparates aus den Blättern einer Unkrautsorte ‚Wasserhyazinthe' mit Hilfe von ‚Eisernen Kühen' entwickelt. Versuche zur Aufbereitung einer südamerikanischen Wasserschling-Pflanze laufen gegenwärtig.

Auf Grund der guten Erfahrungen mit Algenprodukten und durch stetige Qualitätsverbesserungen kann man nicht nur einen verstärkten Ausbau der bisherigen, sondern auch die Erschließung neuer Absatzmärkte erwarten. So besteht die Möglichkeit, daß einmal das Meer ebenso zur Sicherung unseres Lebensunterhaltes dienen wird wie die trockene Kruste unseres Planeten.

Zusammenfassung

Die Ernährung der progressiv zunehmenden Weltbevölkerung wird in absehbarer Zeit problematisch werden. Es werden die Soll- und Ist-Werte der Versorgung mit Kalorien, Proteinen, Vitaminen und Mineralsalzen gegenübergestellt und mit denen einiger Meeresalgen verglichen.

Am Problem des tierischen und pflanzlichen Eiweißes wird der mögliche Einsatz von Algen diskutiert.

Die Verwendung von Meeresalgen zur menschlichen Ernährung bringt zahlreiche Vorteile.

Es werden einige bedeutsame Gesichtspunkte aufgezählt, die bei der Kultivierung, Ernte und Aufbereitung beachtet werden sollten, um optimale Ergebnisse zu erzielen.

Summary

The supply of food for the progessively increasing population of the world will become a serious problem in a near future. The theoretical and actual values of provision with calories, proteins, vitamins and mineral salts are compared with those of certain sea-weeds.

Considering the problem of animal and vegetable protein, the possibility of utilizing algae and the many advantages of their use for human nutrition are discussed.

Some important points of view are enumerated which ought to be observed in cultivation, harvesting and preparation of algae, in order to obtain optimum results.

Literatur

1) A. I. Virtanen, nach einem Vortrag am 27. 6. 1961 zur Tagung der Nobelpreisträger, Lindau (B). Unveröffentlicht.
2) W. Wirths, Versuch einer Nahrungsbilanz für die Weltbevölkerung, Agrarwirtschaft *12:* (1963) 6; 153
3) R. H. T. Mattoni et al., Bioscience *15* (1965) 6; 403–407
4) T. Segi, Mie-Universität, Tokio, Japan. Unveröffentlichte Privat-Mitteilung.
5) Atlas Readers Digest, Seite 143
6) H. A. Hoppe, Botanica marina, Vol. IX-Suppl. Seite 31 ff.
7) H. Fink, E. Herold, Die Naturwissenschaften *43* (1956) 21; 498
8) J. Kühnau, ‚Ströme und Meere in Geschichte und Gegenwart', Vandenhoeck und Ruprecht, 1964, Seite 95
9) F. Gessner und L. Hammer, Botanica marina, Vol. II, Fsc. 1/2, Seite 162
10) C. Oheocha, F. T. Haxo, Biochim. biophysica Acta (Amsterdam) *41* (1960) 516–520 und Chemisches Zentralblatt 1961/6190
11) A. Haug, B. Larsen, II. Intern. Seaweed Symposium, pag. 17 (1956)

Nahrungsmittel aus Meeresalgen

von

HEINZ A. HOPPE, HAMBURG*)

*) Anschrift: 215 Buxtehude bei Hamburg, Stavenort 1

INHALTSÜBERSICHT

Die Meeresvegetation

Die Meeresvegetation besteht im wesentlichen aus Thallophyten. Nur *Zostera, Posidonia* und einige andere Pflanzengattungen gehören zu den Phanerogamen.

Die Meeresalgen werden in ein System von 7 Abteilungen unterteilt: Chlorophyten – Euglenophyten – Pyrrophyten – Chrysophyten – Phaeophyten – Cyanophyten – Rhodophyten.

Von ihnen spielen einige Gattungen der Chlorophyten (Grünalgen), Phaeophyten (Braunalgen) und Rhodophyten (Rotalgen) in der menschlichen Ernährung eine Rolle.

Nach biologischen Gesichtspunkten unterscheidet man zwei große Gruppen: das Benthos mit den festsitzenden Formen und das Phytoplankton mit den freischwebenden, meist einzelligen Formen.

Die in dieser Übersicht erwähnten marinen Algen gehören dem Benthos an. Sie ernähren sich aus dem sie umgebenden Medium, dem Meerwasser, und im Gegensatz zu den Landpflanzen nicht aus dem Substrat, auf dem sie wachsen. Die Zusammensetzung des Substrats ist für die Algen also ohne Bedeutung.

Das Meerwasser ist eine wässrige Lösung von verschiedenen Mineralsalzen und Spurenelementen, Wasserstoff, Sauerstoff und anderen Gasen sowie organischen Substanzen. Die Gesamtzahl der im Meerwasser vorhandenen Elemente beläuft sich auf 49.

Für die Entwicklung der Algen sind die Temperatur des Wassers, die Wasserbewegung, die Zusammensetzung und die Intensität des Lichtes von Wichtigkeit. Für das Wachstum der Algen ist auch ihre photosynthetische Aktivität von entscheidender Bedeutung. Das submarine Licht dient den Algen als Energiequelle für die Photosynthese.

Über die geographische Verbreitung der Meeresalgen liegt eine große Anzahl von Einzel- und Übersichts-Arbeiten vor. Aber es gibt noch zahlreiche Küstengebiete, in denen die Meeresvegetation noch weitgehend unbekannt und unerforscht ist.

Im Rahmen dieser Ausführungen interessiert speziell das Vorkommen von Meeresalgen, die für eine Auswertung zur menschlichen Ernährung in Frage kommen, und man muß sagen, sie kommen in allen Regionen vor, wenn auch die Schwerpunkte der Nutzung im ost- und südostasiatischen Raum liegen. Das trifft auch für die Züchtung und Kultivierung von Laminarien, *Porphyra-*, *Monostroma-* und anderen Arten zu. Aber diese Algen kommen auch in vielen anderen Küstengebieten vor. Manche dieser Gebiete sind noch unzureichend erforscht, und oft sind es gerade die Küstenländer, in denen die eßbaren marinen Algen einen wertvollen, ja vielleicht sogar für viele Menschen einen lebensnotwendigen Beitrag zur Ernährung darstellen könnten. Hier liegen noch wichtige Aufgaben vor, deren Lösung durch eine Zusammenarbeit auf breitester Basis wesentlich erleichtert werden könnte.

Geschichtliche Entwicklung

Die Meeresalgen wurden schon im Altertum von den Menschen für verschiedene Zwecke verwendet. Einige Angaben darüber finden sich in dem sagenhaften „Kräuterbuch", das der chinesische Kaiser Shen Nung um 2700 v. Chr. von seinen Gelehrten zusammenstellen ließ. In Japan, China und Korea haben die Meeresalgen schon damals als Nahrungs- und Heilmittel sowie in der Kosmetik eine Rolle gespielt.

Ab 12. Jahrhundert wurden Laminarien, Fucaceen und einige andere Algen auch an den europäischen Küsten (z.B. als Zusatz zum Viehfutter) verwendet. Eine wirtschaftliche Auswertung von Algen zur Herstellung des bekannten Agars begann um 1670 in Japan und China. Bis 1939 war Japan der Hauptproduzent. Die etwas geheimnisumwitterte Herstellung des „Kanten", so lautet der alte japanische Name für Agar-Agar, wurde jahrhundertelang in der überlieferten Form betrieben. Heute wird Agar in einer ganzen Anzahl von Ländern fabrikmäßig hergestellt, und auch in Ostasien ist man weitgehend zu modernen Methoden übergegangen.

Die Kelpbrennerei zur Gewinnung von Kalium- und Natriumsalzen und später von Jod kann im Rahmen dieser Ausführungen nur am Rande erwähnt werden.

Eine moderne Industrie auf der Rohstoffbasis der marinen Algen entwickelte sich erst in den letzten Jahrzehnten. Während früher nur der Agar, für den die Japaner bis zum Beginn des 2. Weltkrieges praktisch ein Weltmonopol besaßen, bekannt war, entstanden nunmehr zahlreiche Produkte, die als Emulgatoren, Geliermittel, Stabilisatoren, Verdickungsmittel etc. eine große Bedeutung in zahlreichen Industrien als Hilfsmittel gewonnen haben. Zu erwähnen wären hier das Carrageenan und seine Derivate, der sogenannte „Dänische Agar", das Furcellaran und andere Phykokolloide aus verschiedenen Rotalgen und vor allem die Alginsäure und die Alginate aus Braunalgen.

Eine ganze Anzahl von Algen wird schon lange Zeit als Heilmittel eingesetzt. Es erscheint bemerkenswert, daß die Erforschung der Wirkstoffe gerade auf diesem Gebiet in den letzten Jahren zu beachtlichen Erfolgen geführt hat (Hoppe: „Meeresalgen und Meeresalgenprodukte in der Pharmazie").

Hier soll aber vor allem auf die Rolle hingewiesen werden, die marine Algen in der menschlichen Ernährung bisher gespielt haben, und welche Möglichkeiten noch erschlossen werden können.

Wissenschaftler von Rang und Namen aus aller Welt weisen immer wieder auf eine verstärkte Auswertung der Nahrungsreserven des Meeres hin.

Die marinen Algen sind vor allem als Träger hochwertiger Eiweiß-Stoffe, zahlreicher Vitamine und Spurenelemente von Bedeutung. Sie stellen zweifellos einen beachtlichen Teil dieser Nahrungsreserven des Meeres dar.

In Ostasien, auf den pazifischen Inseln, an der Küste Südamerikas und in einigen anderen Gebieten waren bestimmte Meeresalgen schon in frühester Zeit für die Ernährung der Bevölkerung wichtig. Aber sie sind dort schon immer mehr gewesen als nur ein Notbehelf in schlechten Zeiten.

Fische und Meeresalgen gehörten in Japan schon vor 2 Jahrtausenden zu den Opfergaben für die Götter. Die Algenfischerei war damals wie heute ein sehr beachtenswerter Erwerbszweig. Die „be", die Fischergilden, wurden 274 n. Chr. zum ersten Mal in der Literatur erwähnt. Fische und Algen gehörten auch im Mittelalter neben Reis und Soja zu den wertvollsten Nahrungsmitteln. Gerichte aus oder mit Meeresalgen standen auf den Tafeln der Reichen und Vornehmen des Landes, wie sie zur täglichen Nahrung weniger bemittelter Bevölkerungskreise gehörten. Ab Anfang des 20. Jahrhunderts standen Algen auch auf dem Speisezettel in den Kasernen. Es gibt zahlreiche Anwendungsformen und schmackhafte Rezepte für die marinen Algen in der menschlichen Ernährung. Sie werden roh als Salat oder zubereitet zum Reis, zu Fischgerichten und als Gemüse gegessen, oft zusammen mit Soja. Vielfach werden Algen ähnlich unserem Sauerkraut eingesalzen. Einige marine Algen werden auch als Gewürz verwendet.

Welche Bedeutung die Nahrungsmittel aus Meeresalgen im Laufe der letzten Jahrzehnte z.B. in Japan gewonnen haben, mögen folgende Zahlen illustrieren:

Jahr	Anbaufläche	Ertrag	Bemerkungen	Autor
1927	34,4 km^2	ca. 24,0 t		
1936	50,4 km^2	ca. 31,5 t		
		+ 2,2 t	aus wildw. Beständen	HOFFMANN
1957	220,0 km^2	1.500 Mill. sheets	Beschäftigte ca. 52.000 Personen	YAMADA
1955/60 (Jahresdurchschnitt)		ca. 78.000 t frische Algen = 2.117 Mill. cheets	Beschäftigte ca. 68.700 Personen	MINISTRY OF AGRIC and FOREST (KUROGI)
1961		ca. 133.000 t frische Algen = 3.600 Mill. sheets		KUROGI

Nach KUROGI wurden in den Jahren 1955–1960 in Japan ferner jährlich
ca. 142.200 tons Laminarien für Kombu-Produkte
ca. 50.000 tons *Undaria pinnatifida* für Wakame
ca. 9.000 tons *Monostroma* und *Enteromorpha* für Aonori
ca. 63.000 tons Algen für verschiedene Produkte (außer Agar)
geerntet und verarbeitet.

Die Verwendung eßbarer Meeresalgen und ihre zunehmende Kultivierung in China, Korea und anderen südostasiatischen Gebieten wurde bei diesen Angaben nicht berücksichtigt.

Nahrungsmittel aus Meeresalgen werden in Zukunft sicher auch in wachsendem Maße in anderen Ländern für eine Menschheit Bedeutung gewinnen, von der ein erschreckend hoher Prozentsatz nicht ausreichend ernährt ist und z.T. bittere Not leidet.

Algen und Algenprodukte für die menschliche Ernährung

Aonori

Eine Anzahl von *Monostroma*-Arten kommt an den Atlantikküsten vom Eismeer bis nach Frankreich vor. Die wichtigsten Arten aber sind *M.latissimum* und *M.nitidum* in Ostasien. Die zarten Algen werden an verschiedenen Plätzen der japanischen Küsten kultiviert, besonders in der Ise-, Mikawa- und Tokyo-Bay, wo *Porphyra* nicht so gut wächst, oder aber auch wenn die *Porphyra*-Saison zu Ende ist.

Früher wurde die Kultivierung ähnlich der *Porphyra* an Bambusbündeln vorgenommen, in neuerer Zeit aber an Hanf- oder Nylonnetzen. Über die japanischen *Monostroma*-Kulturen berichtete SEGI 1958 auf dem THIRD INTERNATIONAL SEAWEED SYMPOSIUM und 1961 in der BOTANICA MARINA.

Die „Aonori"-Produkte werden aus *M.nitidum* und *M.latissimum* hergestellt und erfreuen sich steigender Wertschätzung. 1958 wurden in Japan 1.400 tons getrocknete Algen verarbeitet, die nach Standard Tables of Food Composition Japan, ca. 16% Rohprotein, ca. 66,6% Zucker und eine Anzahl Vitamine enthalten.

Da die *M.*-Arten an zahlreichen Küsten wachsen, sollte ihrer Verwendung als Vitaminträger und ihrer Kultur besondere Aufmerksamkeit gewidmet werden.

Awo-nori oder Ohashi-nori

Ungefähr 40 *Enteromorpha*-Arten leben im Meer- oder Brackwasser, einige auch in salzigem Brackwasser. *Enteromorpha* ist eine der am häufigsten vorkommenden Grünalgen.

E.-Arten werden in verschiedenen Ländern als Salat gegessen, besonders in Ostasien. Arten, die auch an den europäischen Küsten vorkommen, sind in den malayischen und indonesischen Küstengebieten und auf zahlreichen Pazifikinseln für Nahrungszwecke sehr beliebt.

An den japanischen Küsten werden *E.*-Arten, die z.T. ein beträchtliches Ausmaß erreichen können, seit einigen Jahren, ähnlich den *Monostroma*-Arten, auch kultiviert. Der japanische Name des Produktes ist „Awo-nori". Die Standard Tables of Food Composition geben Provitamin A, Vitamin B_1, B_2 und C als Inhaltsstoffe an.

Auf den Hawaii-Inseln nennt man die *E.*-Produkte „Limuele-ele". Sie werden als gute Vitamin A-Quelle bezeichnet. Auf den Philippinen und in den malayischen Inselgebieten werden diese Grünalgen als Salat genossen oder als Zusatz zu gekochtem Reis.

Cochayugo

Rohstoff ist die *Durvillea antarctica*, die in großen Mengen an der Küste von Central-Chile, besonders Cap Horn, bei Chiloë, den Falkland-Inseln, den Kerguelen, sowie an den Küsten von Australien und Neuseeland vorkommt. Die Haftscheiben dieser Braunalgen haben einen Durchmesser von einem halben Meter und tragen zahlreiche, ca. 7,5 cm dicke und bis 10 m lange Stiele mit ledrigen Blättern. In Chile wird die Alge gewaschen, getrocknet, evtl. geröstet und kommt als „Cochayugo" in den Handel. Das Produkt erfreut sich großer Beliebtheit, es wird als Gemüse, in Suppen oder eingesalzen verzehrt. Man kann es auf den Märkten auch in den Großstädten kaufen. Es gibt Hamburger Familien, die einige Jahre in Chile gelebt haben, die sich regelmäßig „Cochayugo" aus Chile kommen lassen.

Dulse

„Dulse“ ist einer der zahlreichen volkstümlichen Namen der Rotalge *Rhodymenia palmata*. So heißt sie in Schottland und in Kanada, wo sie an der Küste von Nova Scotia, an der Bay of Fundy und am Grand Manan Island häufig vorkommt. Hier befindet sich auch das Zentrum der kanadischen Dulse-Industrie. Sie kommt aber auch an der Atlantik-Küste der Vereinigten Staaten und am Pazifik von Californien bis Alaska (Red Kall, Neptune's Girdle) vor, sowie an der Küste von Island (Söl), Norwegen, (Sou-söll), Irland (Dillisk), Frankreich (Goémon à vache). Die Alge ist sehr formenreich und wächst vielfach auf den Stielen von Laminarien oder *Nereocystis luetkeana*. Es wurden zahlreiche Untersuchungen der Inhaltsstoffe durchgeführt. Zweifellos ist sie eine der wertvollsten Meeresalgen. Der Proteingehalt wird mit 42% angegeben, der Gehalt an Vitamin C mit 49 mg p. % g Frischgewicht. Carotin, Niacin, Vitamin B_{12}, Vitamin E wurden nachgewiesen.

Rh. palmata wird in vielen Ländern als Gemüse, vor allem zu Fisch- und Fleischgerichten, in Suppen und Ragouts gegessen, oder als eine Art Kautabak benutzt. Auch Haustiere, wie Schafe, Ziegen und Rinder fressen die Alge gern.

Pulverisierte *Rhodymenia palmata* wird in Kanada unter dem Namen „Seadyme“ in Kapseln gehandelt und als „a dietary supplement for minerals and vitamins“ benutzt. Als Inhaltsstoffe werden Phosphor, Kalk, Mangan, Eisen, Magnesium, Kupfer, Jod, Kalium- und Natriumsalze angegeben. *Rhodymenia*-Arten kommen an den Küsten zahlreicher Länder vor, z.B. Peru, Chile, Argentinien sowie Westafrika, also in Gebieten, in denen ein hochwertiger Eiweiß- und vitaminreicher Nahrungszusatz für weite Kreise der Bevölkerung von großem Wert wäre.

Funori

Die Stammpflanzen sind *Gloiopeltis*-Arten, die vor allem an den japanischen und chinesischen Küsten vorkommen. Das Produkt heißt in Japan „Funori“, in China „Hailo“, in der modernen Literatur Funoran. Die Ernte des Rohstoffs erstreckt sich über das ganze Jahr. Die Algen werden mit Hilfe langstieliger Haken von den Felsen losgerissen oder durch Taucher aus tieferen Zonen heraufgeholt.

Funoran ist im Gegensatz zu anderen Phykokolloiden, wie z.B. auch Agar, kein Extrakt, sondern es handelt sich um die durch Wasserdampfbehandlung löslich gemachten Algen. Die Hauptverwendungsmöglichkeit liegt hier zweifellos auf technischem Gebiet. „Funori“ wird in der Haar-Kosmetik, in der Seiden- und Papierindustrie gebraucht.

Die besten *Funori*-Produkte werden aber nach KUROGI auch als Verdickungsmittel für Nahrungszwecke wie Stärke eingesetzt.

Die Kultur der *Gloiopeltis*-Arten nach der „Méthode des rochers posés“ ist seit langer Zeit an den japanischen Küsten bekannt. In den letzten Jahren wurden aber auch andere Kultivierungsmethoden entwickelt. Netze ersetzten die Steine als Substrat. Man fängt an den Netzen die Sporen der Algen auf und installiert diese Netze nach ungefähr 2 Wochen in ruhigen Buchten, wo die Algen ähnlich der *Porphyra* gezüchtet werden.

Hijiki

Der Rohstoff ist die Braunalge *Hizikia fusiforme*, die an den Küsten von Japan und der südlich Korea vorgelagerten Insel Che Yu Do vorkommt. Man erntet junge, zarte Algen in den ersten Monaten des Jahres und trocknet sie an der Sonne.

„Hijiki" wird in Wasser gekocht und als Gemüse gegessen. Die Standard Tables of Food Composition geben Provitamin A, Vitamin B_1, B_2, Niacin und ca. 35% Zucker als Inhaltsstoffe an.

Über die Vermehrung und das Wachstum der Alge wurden mehrere Arbeiten publiziert.

Hondawara

Zu den interessantesten Braunalgen gehören zweifellos die *Sargassum*-Arten, von denen ungefähr 250 vor allem an den felsigen Küsten temperierter und wärmerer Meere vorkommen. Viele namhafte Wissenschaftler beschäftigen sich mit Untersuchungen dieser Algen. Die Einsatzmöglichkeiten sind beträchtlich. Einige Arten werden als Nahrungsmittel verwendet, andere als Gerbstoffe, als Arzneimittel und viele auch als Rohstoff zur Gewinnung von Alginsäure und Alginaten. ZANEVELD führt mehrere *S.*-Arten auf, die in den indonesischen Gebieten, auf den Philippinen etc. gegessen werden. Man ißt sie roh als Salat, gekocht mit Kokosmilch und Essig oder mit Zitronensaft als Gemüse. „Limu kala" aus *S.echinocarpum* wird gern zu Fisch- und Fleischgerichten gegessen. Die Japaner stellen aus *S.enerve* und vielleicht auch aus anderen Arten „Hondawara" her. Das Produkt wird als Zusatz zu Sojasaucen und Suppen benutzt.

S.fusiforme wird in China als Gemüse gegessen oder auch getrocknet als Tee getrunken.

Zu den „eßbaren" Meeresalgen gehören auch z.B. *S.aquifolium* von den Küsten des Roten Meeres und des Indischen Ozeans, Indonesiens und des Pazifik. Die jungen Triebe werden als Salat gegessen oder mit Kokosmilch gekocht. In ähnlicher Weise wird auch Amboina *S.granuliferum* verwendet. *S.polycistum*, an den Küsten des Indischen Ozeans, in Malaya, Indonesien, Neu-Guinea, Japan, Philippinen, Australien, wird roh mit Zitronensaft oder gekocht mit Kokosmilch gegessen. Auf einigen Inseln räuchert man die Algen. Die jungen Spitzen anderer *Sargassum*-Arten werden ebenfalls als Salate, Suppeneinlagen oder als Gemüse der menschlichen Ernährung zugeführt. *Sargassum*-Arten sind an den Küsten vieler Länder weit verbreitet, oft werden sie in großen Massen an den Strand geworfen und teilweise von der Küstenbevölkerung verwertet. In einigen Ländern, z.B. in Japan, hat man mit der systematischen Untersuchung dieser Rohstoffe begonnen. In vielen Gebieten aber fehlen dafür noch die Voraussetzungen.

Eine Rohstoffbasis von riesigem Ausmaß sind die treibenden Tange der Weltmeere, besonders der Sargasso-See, bei denen einige *Sargassum*-Arten den Hauptanteil bilden.

Eingehende Untersuchungen über den Gehalt an Algin, Laminaran, Mannitol und Fucoidan wurden vom Marine Laboratory of the University of Miami durchgeführt (Hoppe: „Sargassum – treibende Tange im Weltmeer – ein vielseitiger Rohstoff").

In Bezug auf eine Verwendung für Nahrungszwecke sind bei diesen Rohstoffen sicher noch weitere Untersuchungen erforderlich. Aber ein Rohstoffreservoir von 4–11 Millionen tons (PARR, 1939) erscheint immerhin beachtenswert.

Kausam und Sarumen

Eine Anzahl von *Alaria*-Arten kommen an den nördlichen ostasiatischen Küsten vor. Die *A.fistulosa* der nordpazifischen Küsten bildet Thalluslappen bis zu 25 m Länge und 2 m Breite. In Japan wird die Alge als Nahrungsmittel verwendet. Das Produkt wird als „Kausam" oder „Kauan" bezeichnet. Das japanische Algenprodukt „Sarumen" wird ebenfalls aus *Alaria*-Arten hergestellt. Verschiedene *Alaria*-Arten werden auch zusammen mit Laminarien zu „Kombu"-Produkten verarbeitet.

Alaria esculenta ist der Name der europäischen Art, die in den kälteren Küstengebieten des nördlichen Atlantik vorkommt. Auf den Orkney-Inseln heißt die Alge „Honey Ware", in Schottland „Badderloch", auf Island „Marinkjarni". Sie wird in einigen Küstenländern gegessen oder als wertvolles Viehfutter benutzt. Besonders Rinder, Schafe und Pferde fressen sie gern.

Kombu

Eine ganze Anzahl von *Laminaria*-Arten besonders der ostasiatischen Küsten sind nicht nur – wie auch an den europäischen und nordamerikanischen Küsten – wichtige Rohstoffe für Industrieprodukte, wie Alginsäure und Alginate, sondern auch für die menschliche Ernährung von Bedeutung. Aus diesen Laminarien werden die „Kombu"-Produkte hergestellt. Über die Produktion berichtete KUROGI 1963, daß in den Jahren 1955–1960 jährlich ca. 142.000 tons frischer Laminarien zu „Kombu"-Produkten verarbeitet wurden. Die wichtigsten „Kombu"-Rohstoffe sind *Laminaria angustata* zur Herstellung von „Kizami-kombu", dem Schnitzel-Kombu, der in beträchtlichen Mengen in Japan produziert und auch nach China exportiert wird. *L.diabolica* dient zur Herstellung von „Hanaori" oder „Mobozoroikombu".

L.japonica gehört zu den wertvollsten Arten. Sie wächst an den Küsten von Japan, besonders Hokkaido, Korea, Sibirien und China. Sie wird bis 12 m lang und vielfach kultiviert. Auf die *Laminaria*-Kulturen wird noch an anderer Stelle hingewiesen.

Über die Inhaltsstoffe der *L.japonica* und die Herstellung der „Kombu"-Produkte liegt eine umfangreiche Spezialliteratur vor. Bemerkenswert ist der hohe Zuckergehalt. Die Alge wird daher außer zu „Shinori-kombu" auch zur Herstellung von Süßigkeiten verwendet.

L.ochotensis und *L.religiosa* liefern ebenfalls Produkte von guter Qualität.

L.saccharina, der „Zuckertang", kommt außer in Ostasien auch an zahlreichen europäischen und nordamerikanischen Küsten vor. In einigen europäischen Ländern wurden früher die jungen Stiele von *Laminaria saccharina* gegessen.

Diese Alge erscheint uns für weitere Untersuchungen hinsichtlich ihrer Verwendung für die menschliche Ernährung und insbesondere in Bezug auf eine Kultivierung von ganz besonderem Interesse.

Eine Anzahl weiterer *L.*-Arten kommen ebenfalls als „Kombu"-Rohstoff in Betracht.

Neben Laminarien spielen noch einige andere Braunalgen wie *Alaria*-Arten, *Arthrothamnus*- und *Kjellmaniella*-Arten für die ostasiatisch »roduktion eine Rolle. China importiert beträchtliche Mengen aus den nördlichen Kaltwasserregionen und bemüht sich, seine *Laminaria*-Kulturen auszuweiten. Rußland wertet diese Algen ebenfalls für die menschliche Ernährung aus. Dort werden Gemüsekonserven mit einem Zusatz von Laminarien hergestellt. Eines dieser Erzeugnisse wird als „Sea-cabbage“ angeboten.

Herstellung, Qualitäten, Verwendung

Die Algenernte für die Kombu-Herstellung erfolgt in den Herbstmonaten bis zum Oktober. Die Fischer fahren mit ihren Booten hinaus und reißen die Algen meist mit Haken von den Felsen ab, vielfach werden sie auch mehr abgedreht als abgerissen. Sie werden sodann am Ufer getrocknet. Wenn sie fast trocken sind, werden die Stiele und Haftkrallen abgeschnitten und die Blatteile sortiert und gebündelt. In den Kombu-Fabriken werden verschiedene Qualitäten hergestellt, „Kizami“- oder „Ao-Kombu“ ist „Schnitzel“- oder „Grüner Kombu“. Die getrockneten Algen werden 15–30 Minuten unter Umrühren gekocht und dann erneut angetrocknet, aufeinander gelegt, gepreßt und verschnürt. Solche Bündel wiegen über 100 Kilogramm. Die Bündel werden später geteilt und nochmals unter Befeuchten festgepreßt. Nach einiger Zeit werden diese Blöcke mit Hobeln zerkleinert und die Schnitzel soweit nachgetrocknet, daß sie noch biegsam bleiben. Die Ware kommt meist in Paketen oder Kisten in den Handel. „Kurotororo“ oder „Schwarzer Kombu“ wird aus dickeren Laminarien hergestellt. Die getrockneten Algen werden in verdünntem Essig gequollen. Mit einem Messer wird die dunkle Oberfläche abgeschabt. Diese Stücke ergeben den „Schwarzen Kombu“, der meist weniger wertvoll ist. „Shiro tororo“ oder „Weißer Kombu“ entsteht bei der Fortsetzung des Schabprozesses, durch den man dann weißliche Stücke erhält. Die dritte Qualität, die bei dieser Prozedur anfällt, ist der häutige „Oboro-Kombu“. Der verbleibende Rest wird gebündelt, gepreßt und gehobelt. Er ergibt den „Shirago-Kombu“. *L.japonica* wird zerschnitten und über einem Feuer geröstet. So entsteht der „Koiro-Kombu“, der mit Zucker überzogen als „Kuchen“- oder „Kuvashi-Kombu“ sehr beliebt ist.

„Saimatsu-Kombu“ wird als Pulver hergestellt und zu Plätzchen und Keks gepreßt und überzuckert.

„Cha-Kombu“, der ähnlich wie „Grüner Kombu“ hergestellt wird, sieht wie Tee aus und wird als Tee getrunken.

„Grüner Kombu“ wird auch zu Fisch- und Fleischgerichten, zu Suppen und als Gemüse verwendet.

Pulversierter „Kombu“ wird außer zu Gebäck, zu Suppen und Saucen sowie als Reiszusatz gebraucht. Zahlreiche interessante Rezepte lassen diese Algenprodukte auch für den Europäer reizvoll erscheinen.

Für die Ernährung sind neben dem hohen Zuckeranteil, auf den bereits hingewiesen wurde, die Vitamine, Salze und Spurenelemente von Bedeutung.

INAGAKI stellte bei japanischen Laminarien einen Vitamin A-Gehalt fest, der dem von Kabeljau-Lebertran entspricht.

Über die Kultivierung von Laminarien

Mit der Kultivierung von Laminarien wurde an den japanischen Küsten schon vor ungefähr 300 Jahren begonnen. Allerdings waren die Methoden noch ziemlich primitiv.

Inzwischen wurden sie erheblich verbessert. YAMADA berichtete darüber ausführlich auf einem Kolloquium in Dinard 1957. Auch die Chinesen arbeiteten auf diesem Gebiet. Darüber publizierten TSENG und seine Mitarbeiter in den Jahren 1955–57 einige Arbeiten in der ACTA BOTANICA SINICA. Die Kultivierung der *Laminaria japonica*, in China „Haitai" genannt, begann 1952 in wirtschaftlichem Maßstabe bei Tsingtao. Die Sammlung der Sporen wird von Ende Oktober bis Ende November durchgeführt, wenn die Temperatur des Meerwassers unter 20° C liegt.

Zur gleichen Zeit vermehren sich aber auch in starkem Maße *Ectocarpus* und andere Algen sowie Diatomeen. Die Sporen setzen sich vielfach ziemlich schnell auf die künstlichen Substrate der Laminarien, und bevor die *Laminaria*-Sporophyten sich entwickeln, nehmen ihnen die Sporen der anderen Algen, der „Unkräuter", den Platz weg und behindern das Wachstum der jungen Laminarien. Die Lösung dieses Problems ist von großer Wichtigkeit für die erfolgreiche Kultivierung von *L.japonica*. Man geht nunmehr folgenden Weg. Man sammelt die Sporen von *L.japonica* von Frühsommer bis August, kultiviert sie und später die Gametophyten und Sporophyten bei einer Temperatur unter 20° C (möglichst sogar bei nur 10° C) in geeigneten Räumen und bringt sie Ende August, wenn sie schon einige Millimeter groß sind, in die offene See. Sie sind dann gegenüber *Ectocarpus* und den anderen unerwünschten Algen bereits so widerstandsfähig, daß diese ihnen nicht mehr viel anhaben können. Das Problem ist damit zwar noch nicht völlig gelöst. Die Erträge sind aber immerhin mehr als doppelt so hoch. Diese neue Methode wird für „haitai" südlich Tsingtao und für *Undaria pinnatifida* oder an der ostchinesischen Küste, besonders bei Chekiang angewandt. Die Kultur von *L.japonica* hat sich in nordchinesischen Gebieten im Laufe der letzten Jahre erheblich entwickelt. Sie beschränkte sich aber auf die Gebiete, in denen das Seewasser eine besondere „Fruchtbarkeit" aufwies oder in dem die Beigabe von „Düngemitteln" möglich war. Die Alge erfreut sich einer immer größeren Nachfrage. Da aber eine Meeres-„Düngung" doch ein recht kostspieliges und aufwendiges Verfahren ist, bemühen sich auch die Chinesen um die Auffindung von Küstengebieten, in denen eine natürliche „Fruchtbarkeit" des Meerwassers gegeben ist. In diesen Gebieten konnte man auch ein üppiges Wachstum von *Undaria pinnatifida*, dem „sea-mustard", und *Ecklonia kuroni* feststellen.

Besonders müssen die Temperaturverhältnisse beachtet werden. *L.japonica* ist eine Alge der kälteren Zonen. Sie verträgt im allgemeinen nur Temperaturen unter 20° C.

L.japonica wird jetzt in Nordchina bei Tsingtao, Chefoo und Dairen kultiviert, an den Plätzen, wo das Meerwasser durch Abwässer stark verunreinigt ist. An diesen Plätzen wächst die Alge sehr schnell, und in einer Saison, von November bis zum Juni des folgenden Jahres, werden die Thalli 3–4 Meter lang, 25–30 cm breit und 2–3 mm dick, wiegen mehr als 1 kg und zeigen eine gesunde kastanienbraune Färbung. An anderen Stellen ist das Wachstum der Algen erheblich geringer. Die Thalli werden oft nur 1 m oder sogar nur 50–60 cm lang. Die Farbe ist gelblichbraun, und das Produkt ist ohne wirtschaftlichen Wert. An solchen Plätzen lohnt sich eine Kultivierung der Laminarien nicht.

Das unterschiedliche Wachstum der Laminarien ist zweifellos auf die Fruchtbarkeit des Wassers zurückzuführen. Wassertemperatur und Lichtverhältnisse sind offenbar nicht die begrenzenden Faktoren. Diese Tatsache ist von größter Wichtigkeit für die ökonomische Kultivierung von Laminarien. Schon 1944 beobachteten GROSS und seine Mitarbeiter den positiven Effekt einer Beigabe von „fertilizer" auf das Wachstum von Plankton. Nun ist die Anwendung von Düngemitteln in der offenen See zweifellos eine Angelegenheit, die in der Praxis nicht ohne weiteres durchführbar ist. Das kann gewiß nur in begrenzten Arealen erfolgen. Die Chinesen haben in verschiedenen Gebieten eine Düngung mit Stickstoff und phosphorhaltigem Material mit Erfolg durchgeführt. TSENG und seine Mitarbeiter haben die Versuche in allen Einzelheiten beschrieben. Viel richtiger aber wäre es sicherlich, für die Kultivierung dieser Algen Gebiete ausfindig zu machen, in denen die für ein rasches Wachstum der Algen benötigten Nährstoffe vorhanden sind.

Lechuga de samba

Es leben ungefähr 30 *Ulva*-Arten in allen Meeren oder auch im Brackwasser. Die zarten, flachen Thalli sind meist hellgrün und werden in vielen Gebieten als Salat oder Gemüse gegessen. Von Bedeutung dürfte der Vitamingehalt sein.

An der Pazifikküste von Südamerika (Peru, Chile) ist die Alge als „Lechuga de samba" bekannt, in anderen Gebieten als „Sea Lettuce". In Ostasien wird sie zu Suppen und Salaten verwendet.

Makassar-Agar

Der Rohstoff des „Makassar" oder anderer „home made" Agar sind *Eucheuma*-Arten, vor allem *E.muricatum*, die in den malayischen und indonesischen Gewässern vorkommen. Die formenreichen Algen wachsen an den Korallenfelsen entlang der Küste und an den zahlreichen Inseln. Die Fischer fahren mit ihren kleinen schlanken Booten hinaus und pflücken die Algen mit der Hand. Die Haupternte fällt in die Monate November bis Februar.

Die Algen, die in Indonesien „Agar-Agar" heißen, werden zur Bereitung von Gelees und Puddings benutzt. Auch in Australien werden sie zu diesem Zweck verwendet. Das Gelee entsteht durch einfaches Auskochen. Meist werden Zucker, vielfach auch Aromastoffe hinzugefügt.

ZANEVELD führt eine ganze Anzahl indonesischer Arten auf, die zahlreiche volkstümliche Bezeichnungen tragen.

Miru

Rohstoffe der „Miru"-Produkte sind *Codium*-Arten. Ungefähr 50 leben in allen Meeren. ZANEVELD führt mehrere Arten auf, die besonders auf den Inseln im Pazifik (Philippinen, Hawaii) als Salat mit Essig oder Soja-Sauce gegessen werden, vielfach auch in Suppen.

In Japan wachsen u.a. *C.divaricatum*, *C.fragile*, *C.intricatum* u.a. nahe der Niedrigwassergrenze und werden dort von April bis Mai geerntet und getrocknet oder gesalzen für Nahrungszwecke verwendet.

Je nach der Art heißen die Produkte „Kiru-miru", „Motsure-miu" etc. Da die *Codium*-Arten sehr weit verbreitet sind, wurden zahlreiche Arbeiten darüber publiziert.

Nori und Laverbread

Der Rohstoff der Nori- und Laverbread-Produkte sind die zarten Rotalgen der Gattung *Porphyra*. Ungefähr 25 Arten sind in fast allen Meeren verbreitet und kommen oft in großen Massen vor.

In Ostasien sind

P.tenera - „Asakusanori“, *P.kuneida* - „Marubanori“, *P.yezoensis* - „Susabinori“, *P. angustata* - „Kosujinori“

die wichtigsten Arten, die auch kultiviert werden.

Eine bemerkenswerte Angelegenheit bei der Entwicklung von *Porphyra* ist die „*Conchocelis*“-Phase. Darüber berichtete 1954 zuerst KATHLEEN M. DREW, später KORNMANN und andere Autoren.

KUROGI fand für die japanischen Arten folgendes:

„*Conchocelis* is a phase of *Porphyra*. That is, the leafy plants of *P.* growing in winter produce carpospores sexually, which develop into a shell boring filamentous thallus, *Conchocelis*. The *C.* continues to grow from spring to summer and produces manospores asexually in autumn. The monospores develop into a leafy thallus on the substratum. Thus the cycle ist completed. Some species of *P.* carry out accessory reproduction by means of asexual spores (neutral spores) in the rather young stage of the leafy plants. In the cultivated species is found accessory reproduction“.

Seitdem man diese Zusammenhänge kennt, ist die Kultur der *Porphyra* wesentlich leichter als früher. Die sich aus Karposporen entwickelnde *Conchocelis*-Phase wird vom Frühjahr bis zum Herbst in Tanks gezüchtet und sodann an die Kultivierungsplätze im Meer gebracht, oder man bringt sie auch in riesige Tanks mit bewegtem Wasser.

Die Thalli der *Porphyra*-Arten sind meist blattartig, lappig dünn, flach, ein- oder zweischichtig, vielfach am Rande wellig. Die Farbe der frischen Algen variiert von grünlichbraun über braunrot bis violett, getrocknet sind sie von violetter Farbe.

Über die interessantesten *P.*-Arten wird in LEVERING-HOPPE-SCHMID „Marine Algae – A Survey of Research and Utilization“ zusammenfassend berichtet.

Kultivierung

Schon frühzeitig, Ende des 17. Jahrhunderts begann man an den japanischen Küsten mit einer künstlichen Vermehrung, mit einer Kultivierung der *Porphyra*. Die ersten Züchtungsversuche wurden in der Bucht von Tokyo vorgenommen.

Die Fischer oder die mit der Kultivierung von *Porphyra* beschäftigten Küstenbewohner befestigten Bündel von Bambus oder Eichenbusch, die sogenannten „hibis“, in den Herbstmonaten bei niedrigem Wasser an den Küsten, um die dort schwimmenden Sporen aufzufangen.

Nach Entwicklung der Keimlinge wurden die „hibis“ dann an die eigentlichen Kultivierungsplätze gebracht. Heute benutzt man Netze von ca. 15 cm Maschenweite aus Kokosfasern oder ähnlichem Material, meist aber aus Kunststoff und „blinds“ aus Bambus in Abständen von 10 bis 15 cm mit Tauen umwickelt. Auch sie werden „hibis“ genannt. Netze und „blinds“ werden im Wasser ausgebreitet und befestigt. Die Netze sind meist 1–2 Meter breit und 18, 36 oder auch 45 Meter lang. Die „blinds“ messen 18 x 1–2 m.

Die „hibis“ werden im nördlichen Teil von Japan von Mitte September bis Anfang Oktober ins Wasser gebracht, in den südlichen Gebieten etwas später, wenn die Wassertemperatur unter 22° C beträgt. Die meisten Sporen entwickeln sich in Wasser mit hohem Salzgehalt in der Nähe der offenen See. Das Wachstum ist am besten in der Nähe von Flußmündungen, wo der Nährstoffgehalt des Wassers sehr hoch und der Salzgehalt niedrig ist. Diese Beobachtungen wurden auch von TSENG bei der Kultivierung von Laminarien an der chinesischen Küste gemacht.

Damit wäre auch gleichzeitig eine Antwort auf die Frage gegeben: „Kann man bei uns auch Algen kultivieren?“ Da die Algen in unseren Küstenbereichen wachsen, die Züchtungs- und Kultivierungsbedingungen recht günstig erscheinen, eine beträchtliche Vorarbeit geleistet wurde und eine dringende Aufgabe im Rahmen einer Besserung der Welternährungslage vorliegt, sollte das Problem einer Prüfung unterzogen werden. Eine spezielle Aufgabe, die am besten in enger Zusammenarbeit mit der Industrie gelöst werden kann, ist die Rationalisierung der Kultivierungsarbeiten und der Aufbereitung.

Ein wichtiger Faktor bei der Kultur von *P.* ist die Höhe, in der die Netze ausgespannt werden. Meist ist es so, daß sie bei Ebbe 4 – 4½ Stunden aus dem Wasser herausragen. Beim Auffangen der Sporen werden 4 – 5 Netze übereinander angebracht. Nach einem Monat ist die erste Entwicklungsphase mit dem bloßen Auge erkennbar. Dann erfolgt der Transport der Netze in die eigentlichen Wachstumsareale. Neuerdings wird die erste Entwicklungsphase, wie bereits erwähnt, in großen Tanks durchgeführt. 50–60 Tage nach dem Ausbreiten der Netze haben die jungen *Porphyra*-Pflanzen 15–20 cm Länge erreicht. Die Zahl der Pflanzen an den Netzen beträgt über 1000 auf 10 cm des Netzstranges. Je nach Wetterlage, Wassertemperatur etc. wird das Niveau des Netzes manchmal verändert. Geerntet wird 3–4mal von der gleichen Unterlage von Ende November oder Anfang Dezember bis zum März. Man pflückt die größeren Pflanzen mit der Hand oder schneidet sie mit Scheren. Nach einigen Wochen kann erneut geerntet werden. In den kältesten Monaten im Januar und Februar ist das Wachstum langsamer. Bei der letzten Ernte im März werden dann alle Pflanzen vom Substrat abgepflückt.

Über die Kultivierung von *Porphyra tenera* berichteten 1958 auch IWASAKI und MATSUDEIRA. Die Arbeit beschäftigt sich mit den physikalischen und chemischen Faktoren, die bei einer beschleunigten Entwicklung der jungen Keime berücksichtigt werden müssen. Die Autoren kommen zu folgenden Ergebnissen: Die Keimlinge wachsen bei Sonnenlicht rascher als bei Bestrahlung mit künstlichem Licht. Sonnenlicht unter 25.000 lux durch Glas einfallend erbrachte das beste Ergebnis.

Die Keimlinge entwickelten sich am schnellsten und gesündesten bei einer täglichen Lichteinwirkung von 8–9 Std. Ein Zusatz von Kaliumphosphat und Kaliumnitrat zum filtrierten Seewasser wirkte sich günstig auf die Kulturen aus. Ein Zusatz von Eisen in Form von Fe-EDTA zu dem mit anorganischen Stickstoff und Phosphor angereichertem Medium förderte das Wachstum der Keimlinge. Auch KUROGI und seine Mitarbeiter (1959, 1962) beschäftigten sich eingehend mit dem Einfluß des Lichtes, insbesondere auf Wachstum und Reifung des *Conchovelis*-Thallus von *Porphyra.* Die Untersuchungen erstreckten sich auf *P.tenera, P.kuniedai, P.yezoensis, P.pseudolinearis* und *P.angusta.* Im Nordosten von Honshû werden diese Arten nicht gemeinsam, sondern jede Art separat kultiviert. In der Matsushima-Bay sind es *P.tenera, P.kuniedai* und *P.yezoensis.* Die beiden anderen Arten werden bevorzugt in der Kesemuma-Bay angebaut.

Japanische Algenprodukte für die menschliche Ernährung

Foto: Hoppe-petra

Als Substrate werden Netze benutzt. Man breitet sie horizontal von September bis Oktober in der See aus, um die Sporen einzufangen. Die Lebensbedingungen und die einzelnen Phasen der Kultivierung der verschiedenen *Porphyra*-Arten wurden viele Jahre beobachtet und registriert, so daß schon eine recht umfassendes Bild mit allen morphologischen und ökologischen Details entstanden ist.

Außer an den japanischen Küsten gibt es auch an der Südküste von Korea ausgedehnte *Porphyra*-Kulturen. Die dort hergestellten Produkte sind von ausgezeichneter Qualität. Die wichtigsten Handelserzeugnisse sind Dong-, Choo- und Ponglaver. An den Küsten von Ostpakistan legten die Japaner *P.*-Kulturen an. TSENG und CHANG publizierten in den Jahren 1954-1956 eine Reihe von Arbeiten über die Züchtung von *Porphyra* in der Region von Tsingtao.

Eine Anzahl von *P.*-Arten bilden auch die Rohstoffbasis der „Laverbread“-Industrien, die z.B. an den britischen Küsten (Wales) sowie an der Pazifikküste der USA entstanden sind. Unter „Laverbread“ versteht man in Großbritannien die aus *Porphyra* hergestellten Zubereitungen. In den USA ist das Produkt aus *P.perforata* auch als „California“ oder „Purplelaver“ bekannt. *P.lanceolata* wird als „Red Jabot Laver“ bezeichnet. *P.perforata* entwickelt Thalli von beträchtlicher Größe und wird in großen Mengen geerntet und verarbeitet.

Die Produkte sind vor allem bei den in den USA lebenden Ostasiaten sehr geschätzt. „Laverbread“ wird dort meist gekocht und mit Zitronensaft, Gewürzen und Butter gegessen. Neuerdings erfreuen sie sich auch in weiteren Kreisen steigender Beliebtheit.

Aber nicht nur kultivierte *Porphyra*-Arten werden in der menschlichen Ernährung eingesetzt, auch wildwachsende Arten werden verwendet, z.B. in Indonesien, auf den Philippinen und den Hawaii-Inseln. Sie gelten als besondere Delikatesse. Zusätzliche Importe aus den japanischen Kulturen müssen vielfach die steigende Nachfrage decken. Hier wäre vor allem *P.atropurpurea* zu nennen, sowie *P.leucosticta*, die auch an den europäischen Küsten vorkommt. *P.nereocystis* wird bis 2 m lang. Sie wächst an den Küsten des Pazifischen Ozeans und enthält 50% mehr Vitamin C als Orangen und beträchtliche Mengen an Vitamin B. Sie wird besonders in China gegessen.

Der Ascorbinsäuregehalt chinesischer Algen, die für die menschliche Ernährung in Frage kommen, wurde 1965 erneut untersucht. Den höchsten Gehalt zeigen *Porphyra*-Arten. Aber auch *Ulva*, *Monostroma*, *Undaria*, *Laminaria* und *Enteromorpha*-Arten wurden geprüft.

Zu erwähnen wäre hier noch die *P.columbina*, die an den südamerikanischen Küsten, besonders von Chile und Argentinien vorkommt. Hier könnte ein aufbereitetes „Laver“-Produkt von großem Nutzen sein.

Aufbereitung

Die *Phorphyra*-Thalli werden in Körben gesammelt und mit Seewasser gewaschen, dann werden sie zerkleinert und mit Frischwasser gewaschen. Ca. 4 kg des zerkleinerten Rohmaterials werden in ein 100 l Gefäß mit Wasser eingerührt. Die Algen werden sodann auf Rahmen gebracht, die mit Matten oder anderem Material bespannt sind, so daß das Wasser ablaufen kann. 4 kg Algen ergeben nach dem Trocknen ca. 100 „sheets“. Entsprechende Trocknungsanlagen würden sicher erhebliche Vorteile gegenüber der althergebrachten Trocknung im Freien bieten. Heute werden bereits vielfach Trockenkammern oder Zentrifugen eingesetzt, in denen das Wasser aus den „sheets“ herausgeschleudert wird. Diese fertigen „sheets“ sind ca. 20 x 20 cm im Quadrat und wiegen ca. 2,5 g. Sie werden meist zu 10 St. gebündelt. Preis per 10 „sheets“ 80–150 Yen (1 Dollar = 360 Yen).

Der Handelsname ist *Hoshinori* oder *Asakusanori.* Asakusanori ist gleichzeitig auch der japanische Name für *P.tenera.* Von einem Substrat-Netz von 18 x 1,2 m erntet man im Durchschnitt 35–105 kg frische Algen = 1.000 bis 3.000 „sheets“.

Verwendung

Für die Verwendung der Nori-Produkte als Nahrungsmittel gibt es zahlreiche Rezepte für delikate Reis- und Fischgerichte, Backwaren, Suppen, Saucen etc. Vielfach werden die Nori-Produkte geröstet. Die rotviolette Farbe geht dann in Grün über. *Porphyra*-Produkte werden auch mit Sojazusatz benutzt.

Die Produktion ist in den letzten Jahren erheblich angestiegen. 1960 und 1961 betrug das Ernteergebnis 133.000 tons frischer Algen, die ca. 3.600 Millionen „sheets“ ergeben. Mit der Kultivierung von Amanori und Aonori waren fast 70.000 Menschen beschäftigt. Die Gebiete erstrecken sich an der Pazifikküste von Hokkaido bis Kyushu.

Als *Porphyran* werden die mit heißem Wasser aus verschiedenen *Porphyra*-Arten extrahierten Polysaccharide bezeichnet. Eine wirtschaftliche Bedeutung hat das Produkt bisher noch nicht gefunden. Es erscheint ratsamer, die *Porphyra* mit ihrem gesamten Wirkstoffkomplex einzusetzen. Der Nährwert der *Porphyra* liegt in dem hohen Proteingehalt, der 25–30% des Trockengewichtes beträgt. Sie enthält außerdem Vitamine und wertvolle Mineralsalze. Der Gehalt an Vitamin C beträgt das 1½-fache von Orangen. Der Gehalt an Vitamin B ist bemerkenswert hoch. Bei *Porphyra tenera* werden 75% des Protein- und Kohlehydratgehaltes absorbiert und vom Körper ausgewertet (Schachat-Glicksman, 1959).

Seatron

Nereocystis luetkeana wächst in ausgedehnten Beständen an der Pazifikküste von Nordamerika von Alaska bis Californien. Die Stiele dieser einjährigen Braunalge werden 25 m lang und haben am Ende eine zuerst runde, kinderkopfgroße, manchmal bis 2 oder 3 m lang werdende Schwimmblase. Die Thalluslappen werden 5 bis 15 m lang. Es soll Exemplare bis zu 100 m Gesamtlänge geben.

Die große Braunalge war schon immer ein wertvolles Düngemittel, sie wurde während des 1. Weltkrieges auf Kalium ausgewertet, sie ist ein wichtiger Rohstoff zur Gewinnung von Alginaten mit einem Alginsäuregehalt von 15 bis 20%. Über Kultivierungsversuche wird berichtet. Die Alge wurde schon in früheren Zeiten in Nordamerika von den Indianern gegessen. Stiel- und Schwimmblasenstücke werden entsalzt, aromatisiert und kandiert. Sie kommen unter dem Namen „Seatron“ als Genußmittel in den Handel.

Wakame

Die Braunalge *Undaria pinnatifida* wächst an den Küsten von Japan, besonders an der Westküste von Hokkaido, an den Küsten von Korea und China auf Felsen in Tiefen von 20 bis 40 Fuß. Die Algen werden von Februar bis Juni mit langen Haken an das Ufer gezogen, mit Süßwasser gewaschen und nach Entfernung der Mittelrippe auf Leinen zum Trocknen aufgehängt. Die halbgetrocknete Ware wird durchgeknetet und anschließend vollständig getrocknet. Das Produkt „Wakame“ kommt gebündelt, geschnitzelt, geröstet oder mit Zucker überzogen in den Handel. Gebrauchsfertig zubereitete *Undaria pinnatifida* wird als „Ito-Wakame“ in Dosen gehandelt. Die augenblickliche Produktion dürfte allein in Japan 10.000 ja/tons weit übersteigen. Auch auf anderen ostasiatischen Märkten spielt „Wakame“ eine Rolle.

Nach den Standard Tables of Food Composition enthält die Alge ca. 15% Rohprotein, ca. 57% Zucker, Provitamin A, Vitamin B_1, B_2, Niacin und Vitamin C.

Die nahe verwandte Art *Undaria distans* wird ebenfalls zu „Wakame“-Produkten verarbeitet.

Seit einer Reihe von Jahren wird *U.pinnatifida* an Netzen oder ähnlichen Substraten kultiviert. Darüber berichtete YAMADA 1957 auf einem Colloquium in Dinard.

TSENG und seine Mitarbeiter publizierten Arbeiten über die *Undaria*-Kulturen an der chinesischen Küste.

Verschiedene Algen und Algenprodukte

Bei den marinen Algen für die menschliche Ernährung dürfen eine Anzahl von Algen und Algenprodukten nicht unerwähnt bleiben, die im allgemeinen besonders als Rohstoffe für Industrie- und Hilfsstoffe bekannt sind. Zu erwähnen wären hier vor allem das Handelsprodukt Carrageen aus *Chondrus crispus* und *Gigartina stellata*, der Agar aus verschiedenen Rotalgen besonders *Gelidium*-Arten sowie *Gracilaria*-Arten, die ebenfalls als Agar-Rohstoff, aber auch unmittelbar für Gelierzwecke in zahlreichen Haushaltungen mancher Länder verwertet werden.

Agar

Hier wäre auf die Anwendung als Gelier- und Verdickungsmittel in der Lebensmitteltechnologie hinzuweisen. Zu dem in Japan, China und anderen ostasiatischen Ländern hergestellten „home made“ Agar gehören u.a. das aus *Gelidium*-Arten bereitete „Isingglass“. Dieses Produkt hat vor allem eine lokale Bedeutung in Haushaltungen und kommt für den Export weniger in Betracht. In Japan wird der für den einheimischen Konsum hergestellte Agar auch als „teneusa“ oder „tokoroten“ bezeichnet.

Carrageen

Carrageen ist der Handelsname für das aus den Rotalgen *Chondrus crispus* und *Gigartina stellata* bestehende Gemisch. Die Ware kommt naturell oder gebleicht in den Handel. In den Herkunftsgebieten, z.B. an der irischen Atlantikküste, in Großbritannien und Frankreich wurde Carrageen schon seit langer Zeit für Speisezwecke verwendet. Zu Beginn des vorigen Jahrhunderts importierten die USA große Mengen dieser „vegetable jelly" aus Europa, bis man 1835 die riesigen Vorkommen von *Chondrus crispus* an der Küste von Massachusetts bis hinauf nach Neufundland entdeckte. Das Carrageen dient unmittelbar als Nahrungsmittel sowie als Verdickungsmittel für Süßspe sen, Puddings etc. Besonders in Irland ist es als „Irish Moss" sehr bekannt und in jedem Lebensmittelladen zu finden. Carrageen wird mit Milch und Zucker oder einem Honigzusatz gekocht und gegessen, auch mit Fruchtsaft ergibt es ein schmackhaftes Gelee. Auf die ausgedehnten Anwendungsmöglichkeiten in der Technik und die Fabrikation von Carrageenan und Carrageenaten kann im Rahmen dieser Zusammenfassung nur andeutungsweise hingewiesen werden.

Gracilaria-Produkte

An den Küsten von Ceylon wird gewaschene, gebleichte und mit heißem Wasser vorbehandelte „*Gracilaria*" als „Ceylon Moss" in den Haushaltungen als Gelierstoff für Nahrungs- und Genußmittel verwendet. Auch in Indien wird die Alge in ähnlicher Weise benutzt. Im vorigen Jahrhundert wurde das „Ceylon Moss" in der in dem Ursprungsland auch verwendeten Form nach Europa und den Vereinigten Staaten exportiert.

Das unter dem Namen „Chinese Moss" in Ostasien bekannte Gelier- und Verdickungsmittel besteht ebenfalls aus gebleichter *Gracilaria*.

Die philippinische Bezeichnung ist „Gulaman", in Indonesien nennt man es „Guleman Dagat", in Japan „Ogonori", auch in diesen Ländern wird das Produkt als Verdickungsmittel im Hausgebrauch verwendet.

Die *Gracilaria*-Arten nehmen unter den Agar-Rohstoffen einen besonderen Platz ein. Einige von ihnen liefern hart gelierende Agars, andere weich gelierende Agaroide. Vielfach sind die Geliereigenschaften nicht nur von der Art, sondern auch von der Provenienz bzw. Erntezeit abhängig.

Die Kenntnis der chemischen und physikalischen Eigenschaften der *Gracilaria*-Produkte, in der neuen amerikanischen Literatur als „Gracilaria Gum" bezeichnet, konnte im Laufe der letzten Jahre erheblich vertieft werden. Die weicher gelierenden Produkte könnten sicherlich besonders in der Lebensmitteltechnologie spezielle Anwendungsgebiete finden, für die ein hart gelierender Agar nicht geeignet ist.

Züchtung und Kultivierung mariner Algen

Eines der wichtigsten Probleme im Rahmen des Themas „Nahrungsmittel aus Meeresalgen" ist zweifellos die Züchtung und Kultivierung bestimmter, besonders wertvoller Arten.

Bei den behandelten Produkten wie den Nori-Erzeugnissen aus *Porphyra*-Arten, den Kombu-Produkten aus Laminarien, Wakame aus *Undaria*-Arten wurde bereits darauf hingewiesen.

Die Japaner betreiben eine Kultivierung von Algen schon seit einigen Jahrhunderten. Das Hauptanbaugebiet war die Bucht von Tokyo. Doch die Kultivierung blieb keineswegs auf die japanischen Küstenbereiche beschränkt. Die wichtigste Aufgabe war es bei diesen „Aquikulturen", die Lebensbedingungen der einzelnen Algen, die ja recht unterschiedlich sind, zu studieren und Plätze ausfindig zu machen, die diesen Bedingungen entsprechen.

Zunächst galt es, geeignete Substrate zu schaffen. Während man in früheren Zeiten Steine oder Holzbündel mit Keimlingen oder Jungpflanzen an geeignete Plätze brachte, arbeitet man heute meist mit Kunststoffnetzen.

Salzgehalt des Wassers, Tiefenlage, Temperatur, Strömungsverhältnisse und vor allem die Lichteinwirkung sind weitere Faktoren, die bei einer Züchtung und Kultivierung von Algen berücksichtigt werden müssen. Von großer Bedeutung ist der Zeitpunkt, an dem die Algen ihre Sporen entlassen. Das Wachstum unerwünschter Algen, der „Algenunkräuter" gewissermaßen, muß verhindert werden. Über Schädlingsbefall und pathologische Erscheinungen wurde in den letzten Jahren gearbeitet. Die Methode der „ausgelegten Steine", an denen sich die treibenden Sporen festsetzen sollten, dürfte weitgehend der Vergangenheit angehören. Heute versteht man unter einer Kultivierung mariner Algen, wenn diese Algen aus den Sporen gezüchtet, auf künstlichen Substraten angesiedelt und später systematisch geerntet werden. Auf diesem Gebiet wurden erhebliche Vorarbeiten geleistet. An den Küsten mancher Entwicklungsländer ergeben sich Möglichkeiten, wertvolle Reserven für die Ernährung zu mobilisieren. Um die Kultivierung und Verarbeitung der marinen Algen für die menschliche Ernährung immer mehr zu verbessern, werden alle Anstrengungen gemacht, die Kulturgründe auszudehnen, in der offenen See mit Flößen zu arbeiten, nährstoffarme Gebiete künstlich zu düngen, „Unkräuter", d.h. also unerwünschte Algen und Pflanzenkrankheiten zu bekämpfen und die Ernte und Aufbereitung durch geeignete Apparate und Maschinen zu mechanisieren und zu rationalisieren. Auf diesem Gebiet gilt es sicher auch manche interessante Aufgabe für die apparate- und maschinenbauende Industrie, denn es werden Kunststoff-Substrate, Schneideaggregate, Zerkleinerungsgeräte, Rührgeräte, Zentrifugen, Trocknungskammern etc. benötigt.

Die wichtigsten eßbaren Meeresalgen und die daraus hergestellten Produkte

Grünalgen

Codium-Arten
Miru

Enteromorpha-Arten
Awo-nori

Monostroma-Arten
Aonori

Ulva-Arten
Lechuga de samba

Braunalgen

Alaria-Arten
Kausam
Sarumen

Durvillea antarctica
Cochayugo

Hizikia fusiforme
Hijiki

Laminaria-Arten
Kombu

Nereocystis luetkeana
Seatron

Sargassum-Arten
Hondawara

Undaria-Arten
Wakame

Rotalgen

Chondrus crispus und
Gigartina-Arten
Carrageen

Eucheuma-Arten
Makassar-Agar

Gelidium-Arten
Agar

Gloiopeltis-Arten
Funori

Gracilaria-Arten
Ceylon Moss
Chinese Moss
Gulaman
Gulaman Dagat
Ogo-nori

Porphyra-Arten
Laverbread
Nori

Rhodymenia palmata
Dulse

Zusammenfassung

Nach einem kurzen Überblick über die Meeresvegetation und die geschichtliche Entwicklung der Verwertung von Meeresalgen wird über die wichtigsten marinen Algen und die daraus gewonnenen Produkte für die menschliche Ernährung berichtet.

Neben den bekannten Kombu- und Nori-Produkten der ostasiatischen Gebiete werden auch Aonori, Dulse, Hijiki, Wakame und zahlreiche andere beschrieben. Die Gewinnung, Aufbereitung, Handels- und Verwendungsformen werden erwähnt.

Der Züchtung und Kultivierung von Meeresalgen wird ein besonderer Abschnitt gewidmet.

Summary

After a short view about the vegetation of the sea and the historical development of the utilization of seaweed it is reported about the most important marine algae and the products made therefrom for human nutrition.

Besides of the well-known Kombu- and Nori-products of the eastasiatic territories also Aonori, Dulse, Hijiki, Wakame among other are described. Harvesting, preparation, trade- and utilization are mentioned. Growing and cultivation has been discussed.

Literatur

Abstracts,
2nd International Seaweed Symposium, 1955
3rd International Seaweed Symposium, 1958
4th International Seaweed Symposium, 1961
5th International Seaweed Symposium, 1965

Barbaianow, K.R. Preserves made of marine by-products. Rybnoe Klioziaistvo 35 (5): 57–61, 1959. Ref. in W.F.A. May/June, 1961

Black, W.A.P., Constituents of the Marine Algae. Annual Reports of the Chemical Society for 1953 Vol. 50

Black, W.A.P., The Algae. Chapter 30 ex Altschul „Processed Plant Proteins in Foodstuffs" Academic Press Inc., New York, 1958

Chapman, V.J., Seaweeds and their Uses. Methuen & Co., Ltd., London, 1950

Chi, M.H. Advances in Marine Algal Chemistry. Oceanologia et Limnologia Sinica. 7 (3), 1965

Durairatnam, M. and Medcof, J.C., Ceylon's Red Seaweed Resources. The Ceylon Trade Journal, 19, 1–6, 1954

Eisses, J., The Mucilages of some Indonesian Seaweeds. Journal for Scientific Research, 2, 44–49, 1952

Eisses, J., Seaweeds in the Indonesian Trade. Indonesian Journal of Natural Science Nos. 1, 2 and 3, 1953

Fang, T.C. et al., Further Studies of the Genetics of *Laminaria* Frond-Length. Oceanologia et Limnologia Sinica 7 (1) 1965

Fang, T.C. und Li, Y.Y., Effects of Temperature and Heredity on the Cell Number and Maturity Rate of Female Haidai (*Laminaria japonica*) Gametophytes. Oceanologia et Limnologia Sinica 7 (4), 1965

Food Manufacture, 34 (II) 443–44, 1959, Seaweed for Food-South Wales Laverbread Industry, Ref. in W.F.A. May/June, 1960, p. 41

Fott, B. Algenkunde. Gustav Fischer Verlag, Jena, 1959

Fritsch, F.E., The Structure and Reproduction of the Algae, Vol. I and II, University Press, Cambridge, 1956 und 1952

Hegnauer, R., Chemotaxonomie der Pflanzen. Birkhauser Verlag, Stuttgart, 1962

Hoffmann, K. Die praktische Bedeutung der Meeresalgen. Kieler Meeresforschungen Band III/I, 1938

Hoppe, Heinz A., Geschichtliche Entwicklung der Auswertung von Meeresalgen. BOTANICA MARINA, Vol. III Supplement 1962

Hoppe, Heinz A., Sargassum – treibende Tange im Weltmeer – ein vielseitiger Rohstoff. Seifen – Öle – Fette – Wachse, 90 (21), 1964

Hoppe, Heinz A., Meeresalgen und Meeresalgenprodukte in der Pharmazie. Deutsche Apotheker-Zeitung, 106, (7 und 8), 1966

Humm, H.J., The Red Algae of Economic Importance: Agar and Related Phycocolloids, Chapter 5 ex Tressler, Donals K. and Lemon J.Mc.W., Marine Products of Commerce, Reinhold Publishing Corp., New York, 1951

Humm, H.J., The Brown-Algae-Algin from Kelps and Fucoids. Chapter 6 ex Tressler, Donald K. and Lemon, J.Mc.W. Marine Products of Commerce, Reinhold Publishing Corp., New York, 1951

Institute of Seaweed Research, Annual Reports 1945–1965

Iwasaki, H. and Matsudaira, Ch., Culture of a Laver, *Porphyra tenera* Kjellm. Bull. Jap. Soc. Scientific Fish, Vol. 24 (6 und 7), 1958

Kurogi, M., Influences of Light on the Growth and Maturation of *Conchocelis* Thallus of *Porphyra*. Bull. of Tohoku Reg. Fish. Res. Labor. No. 15. Dec. 1959
Species of Cultivated *Porphyra* and their Life Histories idem. No. 18, February 1961

Kurogi, M., Recent Laver Cultivation in Japan.
Fishing News International, July/Sept., 1963
Kylin, H., Die Gattungen der Rhodophyceen.
C.W.K. Gleerps Förlag, Lund, 1956
Levering-Hoppe-Schmid, Marine Algae, A Survey of Research and Utilization.
Cram, de Gruyter & Co. Hamburg (in Vorbereitung)
Lewin, R.A., Physiology and Biochemistry of Algae.
Academic Press Inc., New York., 1962
Maass, H., Alginsäure und Alginate.
Straßenbau, Chemie und Technik Verlagsges. m.b.H., Heidelberg, 1959
Mautner, Henry G., The Chemistry of Brown Algae.
Economic Botany 8. 174. Nr. 2, 1954
Miyabe, K., On the Laminariaceae of Hokkaido.
Journal of the Sapporo Agricultural College, Vol. I, 1–50, 1957
Schachat, R.E. and Glicksman, M., Some Lesser Known Seaweed Extracts. Industrial Gums, Academic Press, New York & London, 1959
Schmid, Otto J., Marine Rotalgen, Chemische Zusammensetzung – Praktische Bedeutung, BOTANICA MARINA, Vol. I, Fasc. 1/2, 54, 1959, Vol. I, Fasc. 3/4, 95, 1960
Segawa, S., The Seaweeds of Japan.
Hoikusha, Odaka, Japan 1957
Segi, T. and Kida, W., On the Relation between Distribution of Early Germlings of *Monostroma* and Tidal Current in the Culture Ground.
BOTANICA MARINA, Vol. II., Fasc. 3/4, 223, 1961
Shi, S.Y. and Chi, M.H., Determination of the Ascorbic Acid Contents in some Edible Seaweeds. Oceanologia et Limnologia Sinica 7 (1), 1965.
Smith, F. and Montgomery R., The Chemistry of Plant Gums and Mucilages. The Structure of Polysaccharides from Seaweed. Reinhold Publishing Corp., New York, Chapman & Hall Ltd., London, 1959
Stoloff, L., Irish Moss – From an Art to an Industry.
Economic Botany 3, 428, No. 4, 1949
Tokida, J., The Marine Algae of Southern Saghalien.
Memoirs of the Faculty of Fisheries, Hokkaido University, Vol. 2, No. 1, 1954
Tseng, C.K., The Terminology of Seaweed Colloids.
Science Vol. 101, 2633, 597–602, 1945
Tseng, C.K. and Chang, T.Y., Studies on the Life History of *Porphyra tenera* Kjellm.
Acta Botanica Sinica Vol. III (3) 287–302, 1954
Vol. IV (1) 27 – 46, 1955
Vol. IV (2) 153–166, 1955
Tseng, C.K. et al. On the Cultivation of Haitai (*Laminaria japonica* Aresh.) by Summering Young Sporophytes at Low Temperature. Acta Botanica Sinica, Vol. IV (3) 255–264, 1955
Studies on Fertilizer application in the Cultivation of Haitai (*Laminaria japonica* Aresh.)
idem
Vol. IV (4), 375–392, 1955
The Effect of Temperature on the Growth and Development of Haitai (*Laminaria japonica* Aresh.)
idem
Vol. VI (2), 103–130, 1957
Whistler, R.L. et BcMiller, J.N. Industrial Gums.
Academic Press Inc., New York and London, 1959
Yamada, Y., Sur la culture de quelques algues sur les fonds de sable ou de vase au Japon.
Centre National de la Recherche Scientifique, Paris, 1959
Zaneveld, J.S., The Utilization of Marine Algae in Tropical South and East Asia. Economic Botany 13, 89, 1959

Für die menschliche Ernährung wichtige Inhaltsstoffe mariner Algen

von

OTTO J. SCHMID

Studiengesellschaft zur Erforschung von

Meeresalgen e. V.

Die ständig und in immer rascherem Tempo zunehmende Bevölkerung der Erde bedarf zu ihrer Ernährung der Ausnutzung aller zur Verfügung stehenden Nahrungsquellen. Wenn auch sicherlich die Reserven an landwirtschaftlich nutzbarem Boden nicht erschöpft sind und durch Bodenverbesserung und Bewässerung zusätzlich Raum für die Kultivierung von Landpflanzen gewonnen werden kann, so muß diese Erweiterungsarbeit zwangsläufig an der Grenze zwischen Land und Meer zum Stehen kommen. Gerade an dieser Grenze aber finden sich verhältnismäßig leicht zugängliche und, wie wir heute wissen, ebenfalls in ihrer Ergiebigkeit vergrößerungsfähige Nahrungsquellen.

Ein kurzer botanischer Überblick diene zur Einführung.

Zunächst ist festzuhalten, daß die kleinen Algen des Planktons nicht berücksichtigt werden, sondern ausschließlich die vielzelligen und oft erhebliche Größe aufweisenden Algen des Küstenbereichs. Es sind Braunalgen, Rotalgen und Grünalgen, die uns hier interessieren.

Zur Charakterisierung seien einige Arten aufgeführt: *Fucus vesiculosus*, der auch an den deutschen Küsten wohlbekannte Blasentang, eine Braunalge.

Laminaria japonica, eine Braunalge von beträchtlicher Größe. Ein Blatt dieser Alge im Herbar der Studiengesellschaft mißt beispielsweise 7 m.

Von den Rotalgen sei *Gelidium corneum*, aus dem Agar gewonnen wird, genannt.

Der Meersalat *Ulva lactuca*, eine Grünalge, kommt auch an den deutschen Küsten vor.

Wo wachsen nun die Pflanzen, von denen wir eine Schließung künftiger Nahrungslücken erwarten können? Ein Blick auf eine Karte mit den Vorkommen mariner Algen zeigt ihr Auftreten an vielen Küsten der Weltmeere, wobei wir etwa sagen können, daß Braunalgen hauptsächlich in kälteren Zonen vorkommen, während die Masse verwertbarer Rotalgen in den wärmeren Meeren beheimatet ist. Grünalgen wachsen in beiden Bereichen. Schließlich ist zu erwähnen, daß Rotalgen bis in Tiefen von 150–200 m vorkommen können[1]), was naturwissenschaftlich interessant, aber für eine Aberntung natürlich ohne Bedeutung ist.

Die Frage nach der Gesamtmenge an verwertbaren Algen auf der ganzen Welt ist heute noch nicht zu beantworten. Je nach Art der Alge und der Dichte der Algenfelder sind es tausende, ja wahrscheinlich mehrere hunderttausende Tonnen an den verschiedenen Küsten, die zumindest teilweise zur Gewinnung von Nahrungsmitteln herangezogen werden könnten.

Diese Mengenangaben erscheinen glaubhaft, wenn man sich Küstenaufnahmen mit dem dichten Bewuchs etwa mit der Braunalge *Ascophyllum* betrachtet oder weiß, daß es Algenfelder in einer Länge von 50–100 km an der argentinischen Küste gibt.

Für die menschliche Ernährung, natürlich auch für die Tierfütterung sind folgende Inhaltsstoffe bedeutsam:

Die *Proteine* aus marinen Algen weisen alle essentiellen, das heißt lebensnotwendigen, Aminosäuren auf, wie aus den beiden folgenden Abbildungen ersichtlich ist. Von YOUNG und SMITH[2]) stammt eine Gegenüberstellung der Eiweißzusammensetzung von Braun-, Rot- und Grünalgen (Abb. 1). Bemerkenswert ist der relativ reiche Anteil an Arginin.

Eine neuere Analyse von *Porphyra*-Sheets, eines Nahrungsmittels aus der Rotalge

Combined Amino Acids in Various Algae

The results express nitrogen of the amino acids as percentages of total N in hy drolysate.

Amino acid	*F. vesiculosus*	*A. nodosum**	*C. crispus*†	*R. palmata*‡	*U. lactuca**
Alanine	5.4	5.3	3.6	7.9	8.2
Arginine	8.2	8.0	28.0	10.8	10.1
Aspartic acid	9.0	6.9	3.7	7.2	7.8
Citrulline	0.0	0.0	3.3	0.0	0.0
Cystine	+	+	+	+	+
Glycme	5.4	5.0	3.1	7.5	7.2
Glutamic acid	11.0	10.0	3.4	6.2	6.6
Histidine	1.6	1.3	1.1	1.1	0.8
Isoleucine	3.0	2.8	1.7	3.1	2.8
Leucine	5.0	4.6	2.6	4.6	5.0
Lysine	6.0	4.9	3.3	6.4	5.8
Methionine	0.4	0.7	0.5	0.6	1.0
Ornithine	0.0	0.0	6.3	0.0	0.0
Phenylalanine	2.6	2.3	1.3	3.1	3.0
Proline	3.3	2.6	2.1	3.6	3.4
Serine	3.5	3.0	2.2	4.8	3.9
Threonine	3.3	2.8	2.0	3.9	4.2
Tryptophan	+	+	+	+	+
Tyrosine	1.2	0.9	1.0	1.6	1.6
Valine	3.9	3.7	2.6	5.1	4.9
Ammonia	16.0	14.6	6.9	9.9	7.9
Total	88.8	79.4	78.7	87.4	84.2

* Single determination.

† Mean of three determinations; for aspartic acid, threonine, serine, and proline, mean of five.

‡ Mean of two determinations.

Abbildung 1

Porphyra, stellt uns KOFRANYI[3]) freundlicherweise zur Verfügung. Auch hier ist festzustellen, daß die essentiellen Aminosäuren vorhanden sind (Abb. 2).

Zwar ist unser Wissen über die Zusammensetzung der Proteine noch nicht umfassend genug, doch sind die Proteine mariner Algen sicher nicht denen von Landpflanzen unterlegen. LARSEN und HAWKINS[4]) setzen die biologische Wertigkeit aus der Rotalge *Chondrus* dem Wert von Ei-Albumin gleich. Das Eiweiß der Rotalge *Porphyra* wird nach KIMURA[5]) zu 75% absorbiert und vom Körper verwertet.

Kohlenhydrate

Den hauptsächlichen Kohlenhydraten der Braun- und Rotalgen, nämlich Alginsäure, Agar, Agaroide und Carrageenane kommt besonderes Interesse zu wegen ihrer Eigenschaft, die Viskosität zu erhöhen und Gele zu bilden. Sie finden deswegen Verwendung in der Nahrungsmitteltechnik und dienen so indirekt der menschlichen Ernährung. Hierauf soll im Rahmen dieses Überblicks nicht näher eingegangen werden.

Das Reservekohlenhydrat Laminaran kann bis zu 36% des Trockengewichtes in *Laminaria*-Blätter enthalten sein. Es besteht aus d-Glukose und wird im Tierversuch wie Stärke verwertet.

<u>Porphyra</u> (Rotalgen f. Nahrungszwecke aufbereitet, Japan, 48-Stunden-Hydrolyse in 6 n-HCl, nach E. Kofrányi)

% AS
N x 6,25 = 100

Lysin	4,81	Alanin	12,04
Arginin	4,55	Cystin	0
NH_3	1,55	Valin	5,24
Asp. Säure	7,25	Isoleucin	3,73
Threonin	4,20	Leucin	6,47
Serin	3,97	Thyrosin	1,80
Glut. Säure	9,87	Phenylalanin	3,37
Prolin	4,45	Methionin	1,75
Glycin	5,55		

Histidin nicht auswertbar, schlechte Trennung im Chromatogramm.

Abbildung 2

Die Kohlenhydrate der Rotalge *Porphyra* können bis zu 75% ausgenützt werden.

Die Kohlenhydrate der Grünalgen entsprechen der Stärke der Landpflanzen und sind für die menschliche Ernährung verwertbar.

Hervorzuheben ist, daß Cellulose nur in geringem Umfange oder gar nicht in marinen Algen auftritt.

Fette

Der Fettgehalt der Braunalgen liegt zwischen 0,16–6%, der der Rotalgen zwischen 0,4–3,2% der Trockensubstanz. Nach KLENK und Mitarbeitern[6]), die Fette aus Grün-, Braun- und Rotalgen untersucht haben, kommen die Fette aus Grünalgen wegen ihres hohen Anteils an C_{18} ungesättigter Fettsäuren den typischen Pflanzenölen am nächsten. Die Kenntnis der Fette aus marinen Algen hat erst in den letzten Jahren infolge neuer Untersuchungsmethoden größeren Umfang angenommen, ist aber immer noch unzureichend.

Vitamine

Vitamin A und seine Vorstufen, die Carotine, sind in marinen Algen nachgewiesen worden. Ebenso die Vitamine des B-Komplexes. Der Gehalt liegt in der Größenordnung des Gemüses. Besonders reichlich ist der Gehalt an Vitamin C in marinen Algen. Vitamin D ist bisher nur in Braunalgen festgestellt worden.

Lebenswichtige Metalle und Spurenelemente

Wir können uns mit der summarischen Feststellung begnügen, daß alle lebenswichtigen Metalle wie Eisen, Kupfer, Zink und alle Spurenelemente in marinen Algen nachgewiesen wurden. Die Versorgung des menschlichen Organismus mit diesen Stoffen kann mit Hilfe von Nahrungsmitteln aus marinen Algen sichergestellt werden.

Die vorliegenden Untersuchungen ergeben, daß die Inhaltsstoffe mariner Algen die Grundlage für die Gewinnung wertvoller Nahrungsmittel bilden können. In welch großem Umfang zur Zeit Nahrungsmittel aus namentlich benannten Algen hergestellt werden, wird an anderen Stellen dieses Supplement-Bandes geschildert. Es ist kein Zufall, daß japanische Bezeichnungen dabei in so großer Zahl auftreten. Japan war infolge seiner schmalen landwirtschaftlichen Basis und der Überbevölkerung frühzeitig gezwungen, marine Algen zur Ernährung heranzuziehen. Besonders wertvoll erscheinen marine Algen wegen ihres Vitamingehaltes bei einseitiger Ernährung. Wir werden auf der ganzen Welt zur Deckung von Lücken in der Ernährung auf marine Algen zurückgreifen müssen. Soweit die Bestände an bestimmten Algen nicht ausreichen, kann durch Kultivierung Abhilfe geschaffen werden. Die Möglichkeit hierzu besteht an vielen Küsten, darunter auch an deutschen Gestaden. Wir sollten nicht nur an unsere derzeit ausreichende Ernährung, sondern auch an die Versorgung kommender Generationen denken.

Literatur

1) Persönliche Mitteilung von Ersegovic, Split
2) Smith, D.G. und E.G. Young, J. biol. Chem. *217*, 845 (1955)
3) Persönliche Mitteilung von E. Kofrányi 1964
4) Larsen, B.H. und W.W. Hawkins, J. Sci. Food and Agric. *12*, 523 (1961)
5) Kimura
6) Klenk, E. et alii, Hoppe-Seylers' Zeitschrift f. physiol. Chemie *334*, 44–59 (1963)

Kolibri 360 GmbH
Ferdinand-Jühlke-Straße 7
99095 Erfurt, Deutschland
produktsicherheit@kolibri360.de